地域に根ざし
生きる力を培う食農教育

森 久美子 著

JN056671

目　次

は じ め に

「食育基本法」が2005年の6月に公布されて18年がたった。栄養の偏り、不規則な食事、肥満や生活習慣病の増加、食の海外への依存、伝統的な食文化の危機、食の安全の崩壊などを解決するキーワードとして登場した「食育」。

農水省消費・安全局の「食育に関する意識調査」（2023年3月）で、食育に関心を持っている国民の割合は増えた（78.9%）という結果が発表された。一方で「食生活への関心度」の調査結果では、健全な食生活には大いに関心があるが、食料自給率や、生産者との交流への関心はあまり高くないという国民の姿が浮かび上がっている。

食育が知られるようになって、メタボリックシンドロームや、食品の栄養や機能性などの健康の問題に関心が高まった。しかし、食育基本計画の項目の一つである、食料自給率の向上に取り組んだり、農業の多面的機能の大切さを知ろうとしたりする人は、むしろ減っている気がしてならない。

食育基本法の「総則」の第7条には、「伝統的な食文化、環境と調和した生産等への配意及び農山漁村の活性化と食料自給率の向上に資するように推進されなければならない」と書かれていれるが、多くの関係機関は成人には栄養や健康の指導、子どもたちには正しい食生活習慣の習得に重点を置いて推進してきた。その結果、農業・農村の大切さを知ってもらう「食農教育」の比重はかなり小さくなってしまった。

食育基本法ができたころ、小中学校では総合的学習の授業で食育が盛んに行われていて、学校栄養教諭による栄養や正しい食生活を知る授業だけでなく、学校教育の一部として平等に農業・農村体験をする「食農教育」も増えていた。しかし現在は、ゆとり教育の廃止により、総合的

学習の時間は授業時数が３割も減っている。準備に時間がかかるうえに、校内で行えないことから遠隔地に移動する時間と費用を要するために、農業・農村体験のカリキュラムは中止せざるを得なくなった学校が多い。農業体験により、収穫までのプロセスに必要なことを、順序立てて考える力を身に付ける機会が減ったのは、非常に残念なことだ。

　私自身が農業の大切さを強く感じてこれまで歩んできた思いをもとに、「食育」の中でも子どもたちが農業・農村を体験することで食の大事さを学ぶ「食農教育」がなぜ大事かを著し、今後の「食農教育」の可能性について示していきたい。学校での体験機会の減少を踏まえ、農家やＪＡの手で新たな食農教育を進めていくヒントの一つと考えていただけたらありがたく思う。

第1章

なぜ、食農教育が必要か

1 作家になったきっかけと農業への思い

　私が1995年に朝日新聞社主催の「らいらっく文学賞」に入賞した小説は、北海道の開拓時代の農村を舞台に、貧しくても健気に生きる少女を描いたものだった。主人公は開拓農家の出身で、学校に通えず、読み書きができなかった私の母方の祖母をモデルにした。学校で教科書から習うのとは違う、地を這うようにして開墾をして生きてきた人だからこそ言える言葉を、祖母は持っていた。孫の私が悪いことをすると、「お天道様に見られても恥ずかしくないように生きなければならないんだよ」と諭してくれたことが忘れられない。

　大人になって、文筆を仕事にすると決めた時、農家ならではの言葉を持って誠実に生きていた祖母のような人を描きたいと真っ先に思った。農業という生産手段を持たない都市生活者の私は、原野を切り拓いてきた先人たちへの敬意を忘れず、その地で作られた農産物を食べて支えることによって、後世に緑豊かな農業・農村を残す義務がある。

　執筆にあたって多くの資料を読むうちに私は、先人たちが苦労して開墾し、農家の方々が努力を惜しまず、日々手を入れて維持管理したうえで農作物の命を育てているからこそ、豊かで美しい農地・農村が築き上げられたことを学んだ。

　作家として、農業・農村の大切さを書いているうちに講演をしたり、農林水産省、北海道、各地の自治体などで農業や食料の問題を検討する委員を務めたりする機会が増えていった。子どもを持つ母親としての視点を交えながら、食料の安定供給と食の安全、食料自給率の向上に向けて、国民は何をするべきかを考えようと、著作やラジオ番組や講演活動でも発信してきた。

　食のグローバル化は進み、料理せずに簡便な出来合いの総菜や食品で

食事を済ます人はさらに多くなっている食生活の現状は、数字にはっきり表れている。しかし、家庭の食生活はよそからは見えないので、仮に乱れや偏りがあったとしても、是正するきっかけが見付からないのだろう。カロリーの多くを油脂や肉類で摂取している現代の食生活は、米飯を中心とした和食の素晴らしさを忘れてしまっているかのようだ。

中国製ギョーザによる食中毒事件のように、食の安全・安心が揺らぐ問題に直面したときにやっと、国民は食料の60％を他国に依存している日本の食料事情について考え、一時的に食の安全・安心への意識が高まる。けれども、国内で生産されたものを日ごろから食べていなければ、異常気象や有事のときなどに輸入がストップし、食料がないかもしれないという、逼迫した危機感を持つには至らない。

2022年2月にロシアによるウクライナへの軍事侵攻が始まった時に、それが日本の国民の食生活に関わる問題になるとは、ほとんどの人が思いもよらなかった。

日本は米国、カナダ、オーストラリアなどから穀物を輸入しているため、ロシアとウクライナが農業大国であるという意識を持っていなかった。その2国の輸出が停止したことにより、穀物の価格が高騰し、酪農・畜産を筆頭に農業生産にかかる費用が大きくなり、それが日本の消費者の食料品価格に大きく影響を及ぼしている。

他国の有事などに影響を受けないで、国民に食料を安定的に供給するには、食料自給率を上げ、輸入に依存しない食生活をすることが重要である。

食は本来、風土とともにあるものだ。「風土」とは、気候や文化だけでなく、地域の人の気質＝「心」が含まれている。安い方がいいという価値観で、外国で大量生産された工業製品のような食品を食べていると、自国の食文化を失うかもしれないだけでなく、食料自給率はさらに

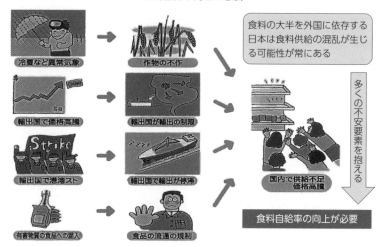

食料自給率向上の意義

下がり、日本の農業は衰退し、国土の保全もできなくなると率直に伝える必要がある。

　「農業」という、人の営みに込められた「心」を感じ取る力を子どもたちが備えることができるようにする教育が、「食農教育」だ。

2　「いただきます」の意味

　私にとっての食の原点を顧みると、小学校時代の夏休みの出来事が大きく影響していることに気付く。札幌市内のサラリーマン家庭で育った私は、毎年夏休みの数日間を、北海道の空知地方という水田地帯にある母の叔父の農家で過ごした。普段は公園のブランコや滑り台で遊んでいるが、そこにいるときは遊具がなくても、走り回っているだけで楽しかった。汗をかき、髪が額や首にへばりついても、畦にたたずんで青々とした稲が風にそよぐ風景を見ていると、爽やかな気持ちになれた。

　10歳の夏、ニワトリを追い掛けて遊んでいたら、叔父さんがそのなかの1羽を捕まえて言った。

　「鍋にして食べさせてやるよ」

　精一杯のごちそうをしようと思ってくれたのだろう。しかし私は、お鍋を食べることと、ニワトリをしめることがまったく結び付いていなかったから、叔父さんの行動に驚いた。首を切られたニワトリを、立ち尽くし、泣きながら見ていた。白い羽毛と血のコントラストがあまりにも鮮烈で、もう一生鶏肉は食べないと心に誓った。

　ところが、その晩、鶏の出汁のおいしそうな匂いが漂ってくると、食欲がそそられた。恐る恐る鶏肉に箸を伸ばして口に運ぶと、鶏肉は喉を通り、何ごともなかったようにお腹の中に収まってしまった。

　追い掛けて遊んだニワトリを、食べることができたのだ。人はほかの命をもらって生きている、子どもながらにそのことに気付き、また涙がこぼれた。どうしようもない現実を、10歳の夏に知ることができた私は、幸運だったと思う。

　しかし、歳月は鮮烈な記憶を薄れさせ、大人になると、食事のたびに言う「いただきます」は、礼儀のような、挨拶のような感覚で口にしていることが多くなっていた。

　「いただきます」という言葉の大切さをあらためて思い出したのは、偶然列車の中で隣り合わせた外国の女性との会話だった。ちょうど私が車内誌にエッセイを連載している時で、ページをめくる彼女の指を隣席からドキドキしながら見ていた。

　指の動きが止まり、拙文をじっと読んでくれているのがわかってうれしくなり、恥ずかしかったが、読み終わるのを待って、「書いているのは私です」と名乗って話しかけた。そんな行為をしたのは後にも先にもその1度だけだから、余計に忘れられない。

その女性は、中国から来ていて、日本の大学で中国語の講師をしていると、流暢な日本語で自己紹介してくれた。中国の東北部（旧満州）に生まれ育った彼女は、小学校に入学して初めて、昼食のときに「いただきます」と言っているのは自分一人だと気付いたという。うちに帰ってお父さんに尋ねると、「動物や植物の命をいただいて食べることに感謝する言葉は中国にはないから、日本語で言っているんだよ」と答えたという。中国では料理を作ってくれた人、例えばお母さんや調理師に「ありがとう」という意味の言葉を交わして食事を始めるが、日本語のニュアンスとは別なのだそうだ。

「『いただきます』と言って、家畜や野菜の命、それを作った人にも感謝する。こんな美しい言葉がある国のことを学びたいと思って来日したのです」

外国の人に、美しいといわれる言葉なのに、みんなあまり大切にしていなくなっているように思い、一人の日本人として恥ずかしくなってしまった。そういえば、イギリス生まれで日本に住んでいた作家の故Ｃ・Ｗ・ニコル氏が、「英語にも『いただきます』という言葉はない」と書かれているのを読んだことがあった。

いつも「いただきます」を意識しながら、食と農業について考えるようになっていた敬老の日に、60歳から90歳までの男女300人を対象とした「孫の代まで残したい言葉」というアンケート結果が発表されて、第１位が「いただきます」だったことに、すごく驚きがあった。「孫の代まで残したい」とあらためて思うのは、すでに失われつつあるからではないだろうか。現代の子どもたちが「いただきます」をどう捉えているのか見つめ直さなければならないと思う。

3　農家の人の素晴らしさ

　私の子どもたちにも、「いただきます」の意味がわかるような経験を
してほしいと思いながら子育てをしてきた。ある年の夏休み、当時小学
校5年生だった息子を知り合いの農家民宿に一人で行かせる機会ができ
た。何度かその民宿に息子を連れて行ったことがあって、「夏休みに
なったら一人で働きにおいで」とおじさんに言われた彼は、親の心配を
よそにアルバイトに出掛けたのだった。

　1週間の滞在を終えてお昼すぎに帰宅した息子から、どんな手伝いを
したか、何をして遊んだかを聞き出そうとしたのだが、なかなか話して
くれない。初めての経験がたくさんあったはずなのに、知ったり感じた
りしたことをすぐに言葉にするのは、子どもにとって難しいのだろうか
と思いやりながら様子を見ていた。やっと口をきいたのは夕食の時だっ
た。キュウリのサラダを一口食べて息子は不満そうに言った。

　「お母さん、キュウリが『お料理して』って言う声が、聞こえなかっ
たの？」

　私は面食らってしまった。「キュウリの声」ってなんだろう。材料の
キュウリが買ってから数
日たったものだと、なぜ
彼にわかったのか不思議
だった。初めてもらった
2000円のアルバイト代を
誇らしげに見せてくれた
後、やっと息子は話し始
めた。

　彼の仕事は、4匹いる

「キュウリの声」って？

犬の散歩、お膳立てとお茶わん洗い、お風呂掃除。野菜を畑やハウスから取ってくる手伝いもしたという。

「キュウリをもぎに行くとき、おじさんに言われたんだ。『わたしをもいで』って言っているのを見付けなさいって。でもぼくは、キュウリに耳を近付けても声が聞こえなかった。そして、まだもいだらダメなのを取ってしまって、『修業が足りないから、来年もまた来なさい』って言われたよ」

そして彼はこう付け加えた。

「農家の人ってすごいよね。野菜の声が聞こえるんだよ！」

子どもにもわかる言葉で、農作物の命の声を感じ取ることの大切さを教えてくださった農家の方に頭が下がる。こんな経験の一つひとつが、きっと子どもたちに「いただきます」の意味をわからせてくれるはずだ。子どもたちが農業体験の中で感じたことを、どれだけ自分のこととして捉えられるかは、教えてくれる農家の方々の表現力によるところも大きいように思う。

農作業を見せてもらったり体験させてもらったりするだけでなく、土づくりから収穫するまでのプロセスとストーリーを、作物を手にして直接話してもらえたら、都市から訪れた大人も子どももよりよく理解できて、農業の大切さに気付くだろう。そして同時に、私たちには聞こえない作物の声を聞き取る農家の方々の素晴らしさに、あらためて敬意と感謝を抱くことができる。

厳しい農作業のスケジュールの中で、体験を望む者たちを受け入れるのは、大変なご苦労があると思う。しかし、現代の子どもたちの命に対する思いやりのなさや生きる意欲の希薄さは、家庭の力だけではどうしようもないところまできている。次代を担う子どもたちの食農教育に、農家の方々のお力を貸していただきたいと願っている。

4 農地からもらうエネルギー

　文学賞に入賞した小説が農村を舞台にしていたということと、その後すぐに始まった二人の息子とのやりとりを題材にした新聞のエッセイの連載が好評で、農業と食と子育てをからめて書いたり講演したりといった仕事が増えていった。

　農業の大切さを伝える対談番組をやってほしいという話があったのは1999年。書くときも話すときも、いつも風景を思い浮かべながら表現するように心掛けている私は、番組を企画立案するときに、二つの風景を目に浮かべていた。

　実家は北海道大学の農場の西側にあり、子どものころ、夏になるとぐんぐん大きくなるデントコーンの畑で、かくれんぼして遊び、コーンの葉が風にそよぐ音を聞いていた。札幌の中心部にいるのに、畑地の縮小版のような風景があり、有名なポプラ並木もよく見えた。

　もう一つの原風景は、空知地方の親戚の農家で過ごした夏休みの風景だ。親戚のお兄ちゃんたちと駆け回って遊んだ後、たらいの冷たい水の中に浮かんでいるトマトやスイカを食べた。力強く照り付けるギラギラした太陽と田んぼの緑の鮮やかさ、カラッとした空気が心地よかった。今も私は、畑と田んぼ、どちらを思い浮かべても、まるでそこにいるかのように、作物の命が育つ生産圃場の持つ静かなエネルギーを感じ、心が癒やされていく。

　さかのぼって考えてみると、20代半ばから10年近く東京に暮らし、外から故郷・北海道を見つめた経験が、農業・農村を考える契機となっていたのだろう。東京に住んでいるとき、実家からよく北海道の名産品が送られてきた。秋にはジャガイモやタマネギ。友人にお裾分けすると、みんな必ず喜んでくれた。決まって言ってくれるセリフは「北海道の○

○はおいしい」。「北海道」が一つのブランドだと知った。

「広大な大地」と「青い空」という美しく澄んだイメージがブランドを支えている。農作物の味の前に、「農地」と「空気」が最大の付加価値になっている。もちろんブランドが独り歩きしているわけではなく、寒冷地ゆえの、農薬の少なさや、厳しい気候が与える栄養価の高さがあり、農家の方々の努力があってのことだ。

北海道の人が「田舎くさい」とコンプレックスを持つような農地・農村に、都会の人は憧れを持っている。北海道を離れて生活したことで、その良さを新鮮な気持ちで認められた。そして、私は北海道で自分にとって心地よい風景を見て生活したいと渇望するようになった。

農業・農村の素晴らしさを、都市に住む消費者が農家の方と同じように誇りに思い、農家の方々に感謝の気持ちを持って国産の農産物を食べて、農業を支えようとすることが、持続可能な農業を実現するための一番の方策ではないかと考えるようになっていった。農村景観が精神に与えてくれている大きな力を感じ、そのありがたさ、大切さを伝えることをライフワークにしたいと思い今日に至っている。

5　食農教育の大切さを教えてくれた、ラジオ番組のゲストの熱い思い

（1）子どもの心と体は「食」が作る

1999年秋に始まり、12年間で600回近く食と農業をテーマに専門家と対談するラジオ番組をやってきた。

初回には、大学で農業を教えている先生にお話を伺った。農業を取り巻く社会情勢や生産現場の声を伝えるだけでなく、食生活の大切さをお話しくださり、番組の方向性を示唆された内容となった。当時、私が小

学生と中学生の息子の子育て中だったのをご存じだったからなのだろうか、ゲストの先生は突然マイク越しに私の目を見ておっしゃった。

ラジオで伝える「ビート」

「森さん、お母さんのご飯が、健康な子どもの心と体を作るんですよ」

本当にそうですね……と答えながら、私は少し不満に思った。多くの母親は、毎日ご飯を作り、勉強をするように促し、健全な精神を持つ大人になってくれるようにしつけながら見守っているはずだ。子どもが非行に走ったり、学業成績が悪かったりしたら、いつも母親のせいにされるのは息苦しい。日ごろちゃんとご飯を作っているから、わが家はきっと子どもがまっすぐ育ってくれるのではないかという自負も多少あったと思う。

実際は、放送を開始する少し前に家族が重い病気になり、夜遅くまで病院で付き添いがあるうえに仕事が忙しく、子どもたちの食事作りをおろそかにする日が続いていた。でも、短期間なら大丈夫だろうと楽観的に考えていたので、ゲストの先生の言葉が胸に刺さった。

買った総菜や弁当を与えて、食卓に温かいものが上がらない日が2週間ほど続いたとき、子どもたちが情緒不安定になって、けんかしたり学校をサボろうとしたり、急に成績が下がったりと、目に見える変化が現れて、手を抜いたつけが回ってきたのがわかった。買った弁当を残してテーブルの上を片付けもしない子どもたちを、私は叱った。

「もったいないから食べなさい！」

「嫌だ。おいしくない」

　子どもたちは、おいしそうだと思う弁当を自分で選んで買ってきたはずなのに、それをまずいというのはなぜなのだろうと考えた。あらためて今の自分の生活を振り返らざるを得なくなったのだ。

　親が夕食時にいないから、台所に湯気が立つことも、食卓においしそうな匂いやだんらんもない。笑顔も消える。子どもたちにそれを失わせてしまって初めて、普段何げなく家族のために料理していたことに意味を見いだせた。私は愛情を込めて家族の食事の支度をしたい。その材料には、食べる人を思って作ってくれたのがわかる農作物を手に入れて、それを料理したいと思った。

　人は毎日必ず食べ物を口にする。ラジオの聴取者に農業の大切さを伝えるためには、「食」を切り口にするのが一番の近道なのではないかと考えた。しかし、普段の食生活で、食事のときに「いただきます」という意味は、動植物の命をいただいて食べているからなのだと意識することは少ない。食の大切さを伝えることで、ラジオを聞いてくださっている方にも一緒に、「生命の循環」を意識してもらいたいと思った。

（2）都会の人は何を知らないか

　　―ラジオ聴取者の声から見えてきた都市生活者の意識

　聴取者の反応には驚かされることが多かった。乳牛であれば、生まれてすぐに雄も雌も牛乳が出ると思っている人もいるし、稲に花が咲くのを知らない人もいる。メールやＦＡＸで送られてくる番組の感想に、これほど農産物のことを知らないものかとぼう然としたというのが正直なところだ。

　「コーヒー牛乳は、茶色の牛から出る牛乳ですか。」「白米を土に埋めたら、お米の芽が出ますか。」冗談ではないかと耳を疑うような質問さ

え、聴取者から寄せられることもあって、農業に正しい知識を持っていただくためにも、頑張って専門家と一緒に発信していこうとますます張り合いを感じた。

「地産地消」、「スローフード」、「食育」、「安全・安心」、今でもキーワードとなる考え方が、ちょうど番組がスタートしたころからよく耳にする言葉となってきた。食料自給率の視点から考えても、消費者がこれらの言葉になじみを覚えてもらえるようにしたいと思った。そこから食のグローバル化に伴う安全への不安や危機感を持ってもらえれば、第一歩を踏み出せたことになる。

農村景観を「自然」と一括りにしている人も多いと気付いた。北海道の中で例えると、世界自然遺産に登録された知床も、農地も、「自然」。これをきちんと別に考えてもらわなければ、農業が人の営みであることをわかってもらえないと思い、ラジオ番組を続けていくうえで必ず意識するようにしていた。

人の手の入っていない、原生、野生という意味での自然（一次的自然）の中に置かれると、人はときには恐怖を感じる。天候が荒れたり、野生動物に襲われたりしても守ってくれる場所はなく、命の危険さえ伴う。

しかし、二次的・擬似的自然である農地は違う。人の手が入り、維持管理されて農作物が作られ、秩序が保たれている。耕されている土地が与えてくれるエネルギーは、人の心を癒やしてくれるのだ。

土地改良し、耕された大地の上には、生産圃場として命を培う安らぎがある。しかし、ラジオでのトークで、灌漑排水の話をするのには苦心が伴った。ため池、用水路、暗渠排水、揚水機場、頭首工（農業用水を用水路へ引き込むための施設）……作物が成育するための環境を作る圃場整備などの説明は、映像で視覚に訴えるなら容易にできるが、耳から

聞こえる言葉だけの世界で表現するのは難しかった。

　私自身が見学して学んだことや、体験したことをレポートする放送の
ときもあり、なるべく風景を目に浮かべてもらえるように話すことを心
掛けた。春、水が張られた田んぼには、里山も空も雲も映っている。水
が農地に安定的に供給されていることによって、景観によりはっきりと
季節性を持たせているのだと気付く。身近な風景から得た感動を表現す
ることで聴取者に語り掛けることができたように思っている。

　回数を重ねるごとに、私の中で大きな問題意識を持つようになったの
は、循環型農業の持つ意味だった。循環、持続可能な農業とは、食料生
産と同時に社会的共通資源としての土、水、空気などの環境を保全でき
るものを指す。それが文化である風土を大切にすることにつながってい
る。都市生活者はとかく農村と都市を分けて考えがちだが、農地・農村
地域の環境の循環と生態系が、都市の生活に大きく関わっていることを
伝えるためにも、食農教育が必要だと思った。

（3）「農」に触れる4つの方法

　ご自身で家庭菜園をやっている、あるいは定年退職後に、自給自足的
に農作物の栽培をしている方々が、共通しておっしゃることがあった。
「都市生活者は、まねごとでもいいから『農』に触れよう」と。

　「農」に触れる方法は4つあるという。「狩猟・採取・栽培・飼育」と
考えるとわかりやすい。私はそれを「生命の大事さを知る4つの方法」
と受け取った。

　「狩猟」—鹿を撃つなどという特別なことである必要はない。トンボ
や蝶を、あるいは川で魚を捕る。「採取」—イチゴやサクランボを摘
む。「栽培」—家庭菜園や田植えをしてみる。「飼育」—家畜の世話を体
験する。というふうに「農」に触れることが、命の大切さを教えてくれ

るのだと言われると、農業を考えるハードルが少し低くなったように感じてほっとした。

　難しく考えなくても、「採取」なら誰にでもできる。例えば春になったらフキノトウを採り、夏になったら果樹園に行ってサクランボを摘んでみる。命を摘む瞬間に感じる胸の痛み。人は動植物の命をもらってしか生きられないからこそ、ほかの命を大切にし、いただくことに感謝するという、「生命教育」の原点がそこにある。

　ビルに囲まれ、時間に追われ、土の上を歩いているようで、実はアスファルトしか踏んでいない環境の中で、ストレスを抱えながら仕事をしている都市生活者にとって、農村に行き「農」に触れ、きれいな空気を吸い、良い環境で育った農作物を食べることはストレスを解消する手段としてとてもいい方法だ。無意識に、体の内からも外からも「癒やされる場」が農村なのだ。

　都市生活者が「農」に触れて癒やされるといっても、受け入れる農家にとっては仕事の時間を割いて対応しなければならない。大きな負担になるのを承知のうえで、農家の方には、ぜひ都市生活者を受け入れてほしいとお願いしたい。

　消費者（都市生活者）は生産者（農家）の顔を見られて安心し、生産者は作物に対する消費者の評価の言葉に耳を貸す。あるいは良くも悪くも都市生活者の価値観を見聞きすることが刺激になる。食農教育のあるべき姿は、両者の間に真の信頼関係を築くことの上に成り立つ、双方向性のものでなければならないと思う。

第2章

食べものの命をどう捉えるか

1 野菜の命はいつ終わる？

　札幌市のベッドタウンの町の小学5年生100人に、食育の課外授業をする機会があった。農業を基幹産業としているが、私が行った小学校は町の中心部にあって9割が会社員の家庭だという。それでも農地が身近にある環境で育っているのだから、農業についての理解度はかなり高いのではないかと予想していた。

　最初に何枚か農村景観の写真を見せて、1枚ずつなんという作物か尋ねてみた。どれも北海道らしく広大で、約1 haの圃場はすべて単一の作物が映し出されている。都会の子どもたちに、黄金色に輝く麦秋の風景の写真を見せると、「稲」と答えることが多い。穂がある作物は稲しか知らないからだ。

　この学校の児童たちはどうだろう。試すような、期待するような思いで教室のスクリーンに写真を映すと、100人が声を揃えて、「麦！」と答えてくれた。農業が営まれる現場を無意識に見ていると、子どものころからそこで生産されている作物を見分ける力が培われると証明された事例のように思えた。

　次に白や青のラップでコーティングされた大きなロールが、広い草地にいくつか置かれている写真を見せると、間髪をおかずに「牧草！」と声が上がる。

　「なぜ刈った後にこうして包むのかな」

　ちょっと意地悪な私の質問にも素直に答えてくれる子どもたち。はい！　はい！　はい！　とたくさんの手が上がる。いかにも元気の良さそうな男の子が自信満々に言う。

　「中で発酵して、おいしい漬物みたいになって、冬になったら牛が喜んで食べるんだよ」

大人だってサイレージを知らない人が多いのに、すごい小学生がいるものだと感心した。

「素晴らしいね。誰に教えてもらったの？」

遠足のとき、歩きながら先生が教えてくれたとか、おじいちゃんから聞いたなど、競うように次々に答えてくれる。「そんなの、見ればわかるさ！」と大人びた口調で言う子もいて頼もしい。食育というよりは、地域の産業と生活の結び付きに気付いてもらう内容の授業を組み立てていった私だったが、これだけしっかりわかっている子どもたちから、「食」をどう捉えているかを聞いてみたいと思い立った。

畑になっているキュウリやナスの写真を見せて、子どもたちの表情を観察した。そんなのわかっている、野菜の名前くらい知っていて当たり前だから、わざわざ答える必要がないと思ったのだろう。みんな静かに見ているだけだ。私は何げなさを装って尋ねてみた。

「野菜の命は、いつ終わるのだろうね」

たまたま人数が100人ちょうどだったから比喩としてもわかりやすいのだが、99人が「もいだとき」で、一人だけ「火を通したとき」と答えた。私はどちらも正解だと思うし、何より全員が物怖じせずに返事をしてくれることが素晴らしい。この子どもたちなら、もう少し突っ込んだ話をしても、答えてくれるに違いないと期待を込めて、機会があったらしてみたいとかねてから思っていた質問をした。

「では、もいだ野菜は死んでいるのだろうか」と問い掛けた。

「気持ち悪い！」という声が次々に上がる。動揺を隠して、違う質問をしてみた。

「それなら、生きているものを食べているのだろうか」

するとまた同じように「気持ち悪い！」と声が上がった。

私はかなり大きな衝撃を受けて、授業の着地点をどこに持っていった

らいいかわからなくなってしまった。人は動植物の命をいただいて生きているという切り口で、「食」の大切さをこれまで話してきたが、もしかしたらそれは受け入れられない時代になっているのかもしれないことに気付かされた。

　料理として口に運ぶものを「命」と切り離された一つの食品という認識でいるとしたら、いきなり命の話をされたら唐突に感じたり、あるいは重過ぎて嫌だと思ったりする世代に向かって、間違ったアプローチをしてきたのではないか。「気持ち悪い」理由を尋ねてみると利発そうな女の子が困った表情を浮かべながらも、言葉を選びながら答えてくれた。

　「祖父母の家で野菜の収穫を手伝い、それを食べると新鮮でおいしいと思う。母と一緒に料理もするけれど、新鮮だからといって生きているわけではないと思っている。生きているなら、包丁を使ったときに自分が殺したことになってしまうから嫌だ。生きているというイメージは、野菜ならまだ成長している感じだし、魚や肉は動いているみたいで生々しいし、おなかの中で動いたら気持ち悪い。生きても死んでもいない『食べもの』がいい」

　この事例はたまたま私が直接聞いたことであって、すべての子どもに共通する考えだとは限らないと承知している。しかし、農業を身近に感じる環境にある子でさえ、食べものに対するイメージとは、命を感じさせない程度に「食品」として洗練されているものだと、大人は気付く必要があると思う。

　幼児、小学校低学年と高学年、中学生や高校生、それぞれが理解できる言葉や概念がどのレベルなのかを想定した食農教育を考えなければならないのに、「命をいただく」を前面に押し出した教育をし過ぎていたという反省をするところから、新たな食農教育を考えなければならない時期が来たのではないだろうか。

2　子どもたちと大人の思いの違い

（1）3歳くらいまでは理屈は通じない

　あらためて言うまでもないが、幼稚園入学前の幼児が農業体験をする機会は親が与える以外にない。動物園や水族館や遊園地に行ったりすると、長ければ数時間子どもは楽しむことができるが、農村では果物や野菜をもぐ収穫体験くらいしかできない。親は幼児にどんな経験をさせたくて農村を訪れるのか。都市と農村の交流事業に参加した多くの親子を見ていて、申し込んだ親側の動機について気付いた点を挙げてみたい。

　①農村に行って、親子で新鮮な農産物を食べたい

　②親自身がいい空気と環境の中で、日ごろのストレスから解放される癒やしの場として農村に行きたい

　③子どもをのびのび遊ばせたい

　④子どもを自然の中で遊ばすことを大切に思っている親であることに自負がある

　③までは多くの人に共通の自然な動機だと思うが、④については非常に興味深い心理であるし、現代社会の子育てに関する新しい傾向ではないかと私は考えている。何度か見た具体的な場面を描写しよう。

　親子で田植えをする体験ツアーでのことだった。田んぼに入るまで元気いっぱいに走り回っていた3歳くらいの男の子が、田んぼに裸足で踏み入った途端、大声で泣き出し、一歩も足を動かせなかった。すると、畦で見ていた母親が走り寄り、田んぼに入って子どもの手を引っ張って、無理に苗を植えさせようとした。子どもはふんぞり返って泣き、尻もちをついて泥だらけになってしまった。それでもなお、わが子に向かって「頑張りなさい」というのを聞いて、なんとも表現しがたい切なさを感じた。

同じようなケースで、子どもを叩く親さえ見たことがある。その後の昼食会場で話を聞くと、なぜかどなたもご自分がどんなに一生懸命に育児に取り組んでいるか説明する。

　「砂遊びや泥だんごを作ったりして、外で遊ばせているんですけどね」

　その口調から、自然に親しむようにちゃんと子育てをしているのに、今日はできなかっただけだと言おうとしているのがわかる。

　「お母さん、頑張っているんですね。でも子どもの年齢でいやだと感じること、やってみたいことは変わっていくので焦らないでください」と私は励ましの言葉をかけた。農業体験をさせようとする親は、子どもの健やかな成長のプラスになると思っている。

　もちろんそれは大切な動機だと思うが、無理強いは良くない。田んぼに足を踏み入れた瞬間、ぬるぬるした触感が気持ち悪いと感じて泣き出すのは素直な反応で、決して悪いことではない。感受性が豊かだともいえる。感じ方はいろいろだ。田植体験の主催者側が、靴の上からビニール袋を被せて、裸足でなくてもいいと言ってあげたら、年齢を問わずに抵抗なく田んぼに入れた可能性もある。

　この事例から垣間見えるのは、子どもに生きる力を付けたいあまり、しつけ、勉強とともに、野外体験をさせなければならないと強く思っている親心だ。

　その方たちにとって「いい子」とは、初めて与えられた環境にも物怖じせずに課題に取り組める子。それをできるように育てられたら、親として子育てに成功しているという評価を得られるという意識が働いているようだった。

　ケース・バイ・ケースで対応するのはエネルギーのいることだと思うが、農業体験を提供する農家側も、子どもの年齢に合ったメニューを考えて、親子がともにリラックスできるような受け入れ態勢を考えていた

だけたらと思う。

（2）就学前の幼児　―「知るより、感じる」が大切

「『農』に触れる4つの方法」とは、狩猟・採取・栽培・飼育と書いたが、野菜や果物を摘む「採取」は幼児にもできる。幼児は鮮やかな色に興味を持つし、小さな口でもそのまま食べられるサクランボ、イチゴ、ミニトマトなどは面白がって手を伸ばすだろう。

その瞬間にどんな感情がわくのか、あるいはただ「もぐ」ことが面白いだけで特に感慨はないのか、本当のところはよくわからない。そこに理屈を求めるのは大人の勝手で、教育的効果を期待しない方がいいと考えさせられた、私の息子のエピソードを紹介させてもらいたい。

息子がもうすぐ3歳になる初夏のことだった。歩き方もしっかりしてきたので、畑に連れて行っても転ばずにイチゴ狩りを楽しめるだろうと、張り切って近くの農家に伺った。好きなのを取って食べていいよというと、うれしそうにしゃがんで真っ赤な大きなイチゴを口に入れた。途端、息子はなんと言ったか。

講演でこの話をして、参加者に質問をすると、ほとんどの人は「甘い」か「おいしい」ではないかとおっしゃる。私も息子がそう言ってくれるのを楽しみにしていた。ところが彼の発した言葉は予想外で、気が抜けてしまった。

「ぬるい」

戸惑う私をよそに、息子は黙って何個か食べた後にやっと笑顔で「甘い」と言ったが、数個でおなかがいっぱいになったらしく、目の前にピョンとカエルが跳び出してきたことに興奮して追い駆けだした。カエルを捕まえることに夢中になって走る息子の姿を目で追いながら、なぜ彼は「ぬるい」と言ったのかを考えた。

畑のイチゴは「ぬるい」？

普段スーパーなどで買ってきたイチゴは、帰宅後はなんの躊躇もなく冷蔵庫に入れて、食べる直前まで冷やしている。当然食べるときは冷たいままだから、イチゴが冷たいものだと息子が思っていたのは自然なことだ。

一方大人は、日差しを浴びて畑になっているイチゴは、温まっていると想像が付いているので驚きはない。家で食べているイチゴと畑で食べるイチゴの違いを感じた瞬間、子どもにとってはどちらがおいしいとか新鮮だとかの比較ではなく、反射的に驚きの声が出たのだと思う。きっと小さな驚きが積み重なって、子どもの頭の中で農業と食生活を結び付ける回線がつながっていく。大人は子どもに知識を与えるのではなく、第一歩として「知るより、感じる」機会を作ってやることが大切だ。

3　子どもたちを取り巻く社会状況

（1）スマートフォンが食卓の風景を変えた

休日にファミリーレストランに行くと、店内が妙に静かなことが増えていて不思議に思っていた。周りの席の家族が何をしているか観察していると、その理由が見えてきた。

料理の注文を終えると、父母はそれぞれにせわしなく指を動かしてスマートフォンを操作し、目は画面にくぎ付けで一切言葉を発しない。夢中になっているからか、子どもが話し掛けても聞こえないらしい。

　無視されて、所在なげにしていた子どもは、小型ゲーム機を出して遊び始める。店に入ったときは輝いていた顔が、つまらなそうに曇っていく。せめて父母が子どもの表情の変化に、気付いてくれたらいいのだが、いくつかのテーブルで、無言のまま時間が過ぎていった。

　家族だんらんの機会である外食のはずが、スマートフォンやの普及で、一緒にいるのに会話もなく、好きなものを別々に食べる「孤食」となってしまっている。当然、家庭内の孤食化は相当進んでいるだろう。手元の画面を見ているだけなら、話し声で人に迷惑を掛けることがないからか、この件を由々しき問題と捉えた意見を、まだあまり聞いたことがない。しかし私は、食事を介して家族間で持たれていたコミュニケーションが、どんどん失われていっているようで心配でならない。

　食卓を囲んでのだんらんの大切さに私が気付いたのは、子育て中に前述のファミリーレストランの親と変わらない行為をしてしまった失敗の経験からだ。

　息子がご飯を食べるのに時間が掛かるので、私はなんとなくイライラして食べ終わるのを待っていた。席こそ立たなかったものの、内心早く洗い物をしてゆっくりしたいと思いながら、新聞を読み始めた。しばらくすると、息子が言った。

「お母さん、こっちを見て」

　何度か言われたのに、新聞を広げたまま生返事をしていた。なんとなく気まずい空気が漂っているのを感じ、顔を上げると、息子は目に涙を浮かべていた。ご飯のときに無視されるのは、どんなに寂しいものかが、それを見てわかった気がした。

　今日は誰と遊んだか、給食の献立はなんだったか、息子と会話しようと思ったら、いくらでも題材があるのに、見付けようとしていなかったことを心から反省した。

何より、食卓にのった料理は話題の宝庫だ。調理法、あるいは材料の農産物の名前や産地、会話の糸口はいくらでもある。生産者の顔が思い浮かべられたり、どんなふうに栽培されているかを知っていたりしたら、もっと話は膨らんでいく。

　ご飯のときはテレビを消し、スマートフォンは見ないで、子どもと会話しながら食事をする。簡単に聞こえるけれど、実現するのはなかなか難しいのが現代の生活だ。大人がはっきり意識して、今、子どもたちに笑顔の食卓を取り戻さなければならない。

（2）偏った食生活をしている子の増加

　冬休み中に大学生の息子の友達が数人遊びに来て、小中学校の給食の思い出話に花を咲かせていた。五目ご飯、カレーライス、ビビンバ丼。その日集まった友達の出身府県はいろいろだけれど、ベスト3はみんな同じで、ご飯ものに人気があるのがわかった。

　私が小学校に通っていた1960年代は、大根のおでんがおかずのときでも、主食はコッペパンという、不思議な組み合わせが多かった。こういうおかずのときは、ご飯が食べたいなと、子ども心に思ったものだ。

　ご飯を主食にした米飯給食が導入されたのは、1976（昭和51）年。文部科学省の「米飯給食実施状況調査」によると、その10年後に実施回数は週2回となり、2009年度は3.2回、そして2021年は3.5回となっている。地域で生産されたお米と、地元の農家が作った旬の野菜をふんだんに使ったメニューを提供して、子どもたちに地産地消の大切さを教えている学校も多いと聞く。

　日本の学校給食は、経済的事情でお昼ご飯を持ってこられない子どもに食事を提供する目的で、明治時代に始まり、その後は国の補助を得て広がった。第2次世界大戦中に中断されていたが、食糧不足による栄養

不良を改善するために、アメリカなどからの支援物資供給によって再開された。

支援物資の贈呈式の日にちなみ、文部科学省では毎年1月24〜30日までの1週間を、全国学校給食週間としている。地元の特産の野菜がある時期にずらして実施するところもあるが、各学校で工夫を凝らして取り組んでいるという。

郷土食を献立に入れて、昔ながらの食生活の良さやおいしさを伝えたり、給食の歴史や役割を理解してもらうために、家庭に配布する献立表の通信欄などで知らせたりしているところも多いようだ。

これまでの取材で各地の給食を見せてもらって、なぜ今、給食の役割をきちんと伝えなければならないのか、よくわかった気がした。偏った栄養摂取、朝食欠食など食生活の乱れや肥満が増加する一方で、痩身志向が増えるなど、子どもたちの健康を取り巻く問題が深刻化していて、小中学校の給食関係者が担っている役割は非常に大きくなっている。

例えば、ひじきの煮物を初めて見て、「虫のようだ」と言って気持ち悪がって食べない。小学校に入るまで味噌汁を飲んだことがなくて、箸を付けられない。ミカンの皮のむき方を知らない。

ダイエットしている親の影響で、痩せたいという願望が強くて、給食を残したり牛乳を飲まなかったりする女子も増加している。体格の向上や、カルシウムなどを摂取して丈夫な体になりたいという気持ちより、痩せる方が大事だと思ってしまうらしい。

大人が与える食環境は、ダイレクトに子どもの心身の成長に影響を及ぼしてしまう。次代を担う子どもたちの味覚を育み、ご飯を中心とした日本型食生活のバランスの良さを、「同じ釜の飯を食べる」給食で伝えていくために、地域の農家と学校の交流がますます重要になってきている。

（3）加減を教える

〝新茶が届きました〟

いつも買い物に行くスーパーのお茶売り場に、この張り紙を見付けると、唱歌の『茶摘み』が頭に浮かび、幼いころ、手遊び歌として母に教えられたからか、口だけでなく、手も動きそうになってしまう。

歌詞に出てくる、〝若葉が茂る八十八夜〟は５月上旬だが、私の住む北海道は初夏の訪れが遅く、６月になってやっとこの歌が合う風景に変わる。季節を先取りして楽しめる新茶を毎年楽しみにしている。

新茶の袋をカゴに入れてレジに並んだその日、セールス品の２リットルのお茶のペットボトルを、何本もカートに載せている買い物客がたくさんいることに驚いた。買う方の年齢はまちまちだけれども、容器のサイズから考えると、みんな家で飲むために買っているのだろう。ドライブや旅行をするときには、私もよくペットボトルのお茶を買う。しかし家にいるときは、お湯を沸かしてお茶を入れている。もはや私は少数派に属するのだろうか。

家の中でもペットボトルのお茶を愛飲している家庭が多いと気付いた出来事があったのを思い出した。当時小学生だった息子の友達が遊びに来たとき、おやつにお菓子とほうじ茶を出してやろうとして、お湯を沸かしたり、茶筒から急須に茶葉を入れたりしていた。急須を手に取った私に、その子は「それ、なんというものですか」と言った。まさか急須のことを聞いているとは思わなかった。

その子の家でお茶といえば、冷蔵庫の中のペットボトルの緑茶やウーロン茶で、急須はないし、熱いお茶を飲むのは初体験だというのだ。息を吹きかけて冷ましながら、そろりそろりと湯のみ茶碗を口に運び、「大人になったみたいだ」と言って笑う様子がかわいらしかった。大人っぽい体験ができたらうれしいという素直な気持ちを、子どもはみん

な持っているはずだ。どこの家庭でもその気持ちを伸ばしてあげてほしいと思う。

　お代わりをつぎながら、ほうじ茶の「ほう（焙）じる」の意味がわかるかと尋ねると、息子も友達もわからないと答えた。私が子どものころには街にお茶屋さんがあった。カラカラ音を立てて焙煎器が回り、通りにはいい香りが漂っていて、教えられなくても「焙じる」の意味を知っていた。

　台所に息子たちを呼んで、茶筒から取り出した緑茶を、厚いステンレスの鍋に入れて、ゆっくり乾煎りして見せた。香ばしい匂いが広がるなかで、息子たちは、葉の色が茶に変わっていく様子に目を凝らしている。そして顔を見合わせて言った。

　「手品みたいだね」

　茶葉は製法でいろいろなお茶に変わると、気付いてくれてうれしかった。もちろん買ったほうじ茶の風味にはほど遠いが、息子たちは自家製のほうじ茶も、おいしそうに飲んでいた。来客があったとき、おいしいお菓子を食べるとき、食後の1杯、寝る前のリラックスの時間。お湯を沸かし、茶器を温め、温度を加減して、場面に応じてお茶を入れる。ペットボトルのお茶の味は、加減することができない。

　子どもにはぬるく、体調が悪いときには少し薄く、人への思いやりを表すことができるお茶。このうえなく奥の深い素敵な日本の食文化の一つを、子どもたちに伝えるのも、大人の役目だと思う。

4　心のふるさとを作る農村滞在

　北海道のグリーンツーリズムの先駆けとなった農業体験受入組織には、広域で連携しているグループがいくつもある。2000年頃、農家が農

場看板を設置するところから始まった活動の話を聞いたとき、今なら全国どこでも取り組んでいる都市と農村の交流に抵抗感を持っている人もいたというから、隔世の感がある。

　本業に精を出すべきだとか、目立つのは良くないという地域の方の意見もあるなかで、「○○農場」と看板を上げ、消費者と交流しながら「ここでこれからも農業をやっていきます」という、決意表明をするのは勇気ある決断だっただろう。

　北海道の農家は経営面積が大きく、農地に点在する家を見付けるのは難しいが、看板に助けられて、すんなり訪問したい農家に到着できるようになってきた。訪問する人との交流の場になるようにとの目的で、敷地内にログハウスを設置したり、納屋を改造して集いの場としたり、工夫を凝らしている農家も増えている。

　女性が中心になって交流事業を積極的に行っているグループは、壁には稲わらやその家で作っている花やハーブを材料にしたリースが飾ってあり、訪れた人を優しく受け入れようとする心遣いがさりげなく伝わってきた。人を受け入れる力、農村の持つホスピタリティーとは、農家の営みの中で静かに醸し出されているのだと気付くことができた。

　農業体験で１泊２日の滞在をした中学校の先生に、生徒たちの感想を聞かせてもらった。「食べものを生産することがどれだけ大変かよくわかった」「これからは加工食品に頼らず、自分の手で作る喜びを持ちながら生活していきたい」と言っている生徒が多く、受け入れ農家のご苦労が報われている気がした。

　しかし「お米は意外と重かった」というコメントには、いささか驚きがあった。納屋で精米したお米を台所に運んでもらったときの感想だという。茶碗に盛られた「ご飯」は食べているが、「お米」のことは知らない子どもたちが増えているのが浮き彫りになっている。

　子どもは家庭の中でお客さんのように扱われ、家でお米を研いだり、買ってきたお米を台所に運んだりしたことはないのだろう。本来は家庭や地域で教えなければならない、子どもたちが自立するために必要な家事などの生活力を、農業体験の中で習得させようとしているとしたら、それは都市生活者の甘えなのではないかと考え込んでしまった。

　印象深いエピソードはほかにもある。

　「コンビニはどこですか」

　修学旅行でやって来て受け入れ農家に到着した途端、そう尋ねる都会から来た高校生がかなり多いというのだ。「一番近い店でも、徒歩だと数十分かかる」と言っても、一人で行こうとしたり、ふてくされて無口になったりするようだ。特に買いたい物はないのだが、学校や塾の帰りにコンビニに立ち寄るのが日課となっているから、行かないとなんとなく落ち着かない気持ちになるらしい。

　家ではいつも一人だし、人と話すのは苦手という生徒も、農作業の体験をした後、みんなで一緒に夕飯を食べ始めるころには、笑顔になってくるという話もよく聞く。親の仕事などの都合で一緒に食卓を囲むことがなく、親子関係が希薄な家庭が多いのは想像に難くない。

　「いつもこんなにおいしいものを食べているのですか」

　そう聞かれて、びっくりしたという農家の方もいらっしゃった。畑で収穫した新鮮な野菜をすぐに調理して、みんなで食べるから余計においしい。当たり前すぎて忘れていた農家の暮らしの魅力を、生徒たちに気付かせてもらえたとおっしゃっていた。農村の営みや風景が都市生活者に癒やしを与えるだけでなく、交流によって農村側が地域の良さを再認識する機会となることを期待したい。

　都市と農村の交流は、ギブ・アンド・テイクでなければならない。農家側は食農教育の場を提供して、農業が命を育む産業であることを伝

え、子どもは対等に扱われて仕事を頼まれることでたくましく変わっていく。その姿から農家も元気をもらっているのではないだろうか。全国各地で農家が農業体験の受け入れを行っている。次代を担う子どもたちの「心のふるさと」となる交流を、さらに広げていっていただけたらありがたいと思う。

　農林水産省、文部科学省、総務省が連携して推進している「子ども農山漁村交流プロジェクト」では、小学生に、自分の家を離れて自然豊かな農山漁村に宿泊体験させている。普段とは違う環境や人間関係の中で、子どもたちの新たな一面を引き出し、成長を促す効果のある教育活動だ。体験学習の事例にある、農作物の収穫や加工、そして「星空観察」は、小学生だけでなく、修学旅行に訪れた高校生にも感動を与えているという。

　私も思春期のころ、親戚のいる農村で、首が痛くなるほど長い時間、夜空を見上げ続けたことがあった。日中は降ったりやんだりというすっきりしない空模様の日だったが、夜になるとにわかに雲のカーテンが開き、天の川がはっきり見えてきた。降りそそぐように星が瞬いている。深夜でも暗くならない都市の夜空とはまったく違い、一つひとつの星が明るく強く輝いていて、手を伸ばせば届きそうなくらい近くに感じた。そして、初めて流れ星を見た。

　「この恋がうまくいきますように…」「サッカー選手になれますように…」「悲しい思いをしている人たちが、早く元気になれますように…」、年齢によって、流れ星にかける願いは違うだろうけれど、なかなか口にできない夢や思いを、素直に言える気持ちにさせるホスピタリティー（もてなしの心）が、農村には確かにある。

第3章

食農教育の核となる「農業体験」
具体例と着地点

1 「食の教育」と「農の教育」の融合

　「食育」という言葉は、1898（明治31）年に陸軍薬剤監でもあった石塚左玄が、「体育も智育も才育もすべて食育にあると認識すべき」と、『通俗食物養生法』で書いたのがきっかけで使われ始めたという。現代の子どもの食生活の問題点に、朝食の欠食や極端な偏食などがあり、生活習慣病の予兆が見られている。子どものときから食について考える習慣を身に付けるためには、食べ物ができるまでの過程を知る農業体験が、大変いいきっかけになるはずだ。本章では、農家、地域、学校や行政が協力して、「農の教育」と「食の教育」の体験を合わせた形で子どもに機会を与えている事例を紹介させてもらおうと思う。

2 事前学習の充実が重要　─中学校編

（1）どんなお米を食べたいかと投げ掛けを行う

　中学2年に行われる宿泊学習を、農村に滞在して農業体験をするという内容にした学校の事例では、総合的学習の時間を当てて1年生の3学期から事前学習をスタートしていた。

　中学行事の中で宿泊学習といえば、3年の修学旅行の前に行われる最大の校外行事として、子どもたちの期待も大きいだろう。工場などの社会見学をしたり、景勝地に行ったりするのではなく、農村に宿泊して職業体験として農作業をするという。どんなふうに組み立てられて、子どもたちは何を感じるのかを知りたいと思い、事前学習から見学させてもらった。

　1回目は、実際に田植えに行く4カ月も前の真冬、北海道は厳しい寒さが続き、農地は一面雪で覆われている時期に行われた。生徒たちはま

だ１年生だから、顔も体型も幼さが残っている。

　教室に体験学習受け入れをしてくれる農家の方がお見えになり、お米のほかに野菜を作り、ニワトリも飼っていると話してくれた。中学生は親戚と先生以外の大人に会う機会は案外少ないものだろうし、経営面積を説明する中で使われた「１俵」「反」「ヘクタール」などの単位を知らないので、生徒たちがどこまで理解できているかは判断できなかった。きょとんとした表情を浮かべている生徒もいる。一通りの説明を終えると、農家の方は生徒に尋ねた。

　「どんなお米が食べたいと思っていますか？」

　生徒たちは次々に答える。

　「無農薬」「有機栽培」「安全・安心」

　教室の後ろに立って生徒たちの意見を聞いていた私は、今どきの中学生はこんなに意識が高いのかと感心した。私の子ども時代と随分違う。昭和40年代に中学時代を送ったが、お米に対して明確な理想やイメージを持っていた記憶はない。艶がいい、色がきれい、粘りがあってパサパサしないという、表面的なことしか感じていなかったし、何よりおなかが減ったら炊き立てのご飯が一番おいしいと思っていただけで、お米についてはあまり考えていなかったような気がする。

　現代の中学生は情報があふれる社会に生きているから知識が豊富なのか、食生活に対するこだわりをはっきり持った家庭に育っているから意識が高くなるのか、いくつかの理由はあると思う。事前学習を見学していくなかで背景に何があるか解明できるかもしれないと思うと、余計興味が湧いてきた。農家の方は、生徒たちの答えにニコニコしてうなずきながら言った。

　「いいね、おじさんも、そういうお米が食べたいよ。来週来るまでに、どうやったらそういうお米を作れるか、調べて発表してね」

そう言い残して農家の方は帰ってしまった。生徒たちは前後の席の級友たちと話し合っている。「どうやって」って、どういう意味だろう。方法のことだろうか。農薬を使わなければ、無農薬っていえると思っていたけど違うのだろうかなど、農家の方の投げ掛けを不思議な気持ちで受け取ったようだ。

　授業を見学している私はとても楽しかった。ご自分がどんなふうに考えているかを言って先入観を持たせることは避けて、生徒に考えるきっかけを与えた農家の方の素晴らしさ。考える力を付けさせる教育とは、まさにこういうことかと感服した。

　翌週はグループごとに調べたことを発表する授業が行われた。図書館やインターネットで調べたり、家族に聞いたりしてきたのだろう。意識の高さの背景には、やはり情報の発達とそれぞれの家庭のこだわりがあるようだ。

　一方で知識と実際の作業が結び付かなくて、農家の方に詳細を聞かれたらどうしたらいいかと心配しているらしく、ドキドキしているような表情の生徒もいる。農家の方は今回も微笑みを浮かべて、生徒たちの話を聞いていた。

　種子の温湯消毒、畦にハーブを植える、合鴨に雑草を食べさせる、農薬を使わずに木酢液を使った防除をするなど、それぞれ違う発表をした。農家の方は目を細めて楽しそうに聞き、いい発表だったと褒めて、田植えのときの再会を約束してお帰りになった。

（2）調べたことと体験がどのように結び付くのか

　宿泊学習の日がやってきた。1日目に観光農園で搾乳やそば打ちなどを体験した後、近隣農村の廃校になった高校の校舎を改築した宿泊施設に泊まり、2日目に農家に向かった。事前学習で前年度に行われた上級

生の田植えのビデオを見ているし、勉強もしてきたつもりだっただろうけれど、実際に目の前の田んぼの広さに驚いた様子だ。それでも、冬に授業に来てくれた農家の方の顔を見てほっとしたのか、植え方の説明を受けるころには笑顔になっていた。

　最初にハウスに苗を取りに行き、壊れ物を扱うように大事そうに田んぼに運んだ。苗を植える場所に印を付ける道具「コロ」を引っ張ると、裸足で入った田んぼのぬるぬるした感触に「きゃー！」という声が上がったが、真っすぐにコロを引くことが大事だと気付いたのか、みるみるうちに真剣な顔つきに変わっていった。田植え、草取り、収穫を経て生徒たちにどのような変化が見られるかは、秋にならなければわからない。

　晩秋になってから、保護者を集めて宿泊学習の報告会が開催され、スクリーンにビデオで体験学習の様子が映し出された。田植えのときの楽しそうな表情、思った以上につらかったのか、静かに黙々とやっている炎天下の草取り、鎌を持ち、稲を刈るときの真剣な顔つき。自分たちが育てたお米を給食で食べるときの満足げな表情。

　それはもしかしたら年齢を問わず誰もが得られる達成感なのかもしれない。映像ではあまり伝わってこなかった、中学生ならではの感想を聞いてみたいと思っていると、感想文が回ってきた。

　農作業体験などを通じ

田植えは楽しい！

て農家の苦労を知り、ご飯を一粒も無駄にしてはいけないと思ったという感想のほかに、事前学習で農家の方が投げ掛けた問いに答えている。

「無農薬、有機栽培、安全・安心なお米を食べたいと言いましたが、それにはすごく時間と手間と労賃が掛かるのがわかりました。そういう価値のあるお米をずっと買って食べていける、経済力のある大人になろうと思いました」

農家の方の苦労を知ったら、消費者として何をするべきか、そこまで生徒に考えさせることができた優良事例だと思った。

3 農業体験学習で、ものごとの起承転結を学ぶ ─小学校編

田植えから稲刈りまでの流れの中で

5年生の総合的な学習の時間で取り組んだ事例を紹介する。学校が主体となって授業をするというより、農家はもとよりPTAの全面的な協力と、町内会や食育を推進する民間団体と行政が支援して稲作体験に取り組んだ活動だ。農業試験場の専門家が技術指導をしたり、田んぼの生き物調査を一緒に行ったりもした。収穫したお米で一人ずつがおにぎりを作るときには、食育の観点で指導できる学校栄養教諭が主導して、一連の稲作体験学習の結びを担当した。

学校から歩いて10分の距離にある農家の方から田んぼを借りて、児童全員がそろって行う田植えを取材した。ぬかるんだ田んぼに足を入れる瞬間は、前述の中学生と同じように「うわー！」と声を上げたり、転んだりふざけたりして泥だらけになる子もいた。苗を植え始めると言葉が少なくなり、真っすぐに植えられるかに神経が集中しているのか、黙々と手元を見つめて作業をしていた。

　4月から計画を立て、5月下旬に田植えをし、その後農家の方が草取りや追肥がなぜ必要かを教えながら、手間の掛かる作業を一緒に手伝っていた。

　また、草取りをしながら水田や用水路の中の生き物を観察するのは、理科の学

カエル、見つけた！

習として実施された。児童たちはそれに非常に興味があったようで、見付けた虫の名前をすぐに競うように調べたり、カエルを追いかけたりして喜んでいた。大人が教育として経験させようとしていることを、子どもは遊びの中の一つとして捉えて楽しみ、そのなかで田んぼには稲とさまざまな生き物が共存していることに気付く。

　生態系を守る田んぼの存在意義という構えた捉え方ではなく、子どもにとっては、「稲も育つワンダーランド」といった面白い世界に見えているのではないだろうか。

　黄金色の稲がそよぐ田んぼで、子どもたちは鎌を使って、稲刈りに取り組んだ。ナイフやカッターも上手に使えない現代っ子が、稲刈り鎌を上手に使えるか心配になってしまう。しかし、マンツーマンで大人が補助に付いて見守るなか、初めは恐る恐る持っていた鎌を上手に使って稲穂を刈り取る姿に胸が打たれた。危険なことをさせないようにしている大人が、子どもの能力を摘み取ってしまっていたのかもしれないと、日ごろの自分の子育ての姿勢に対しても反省しながら見ていた。怖さや危険を知ることも大切な勉強なのだ。もちろんけがをする子は一人もいなかったし、はさ掛けもチームワークよく行っていた。

稲わらと籾に分けるのは主に自動脱穀機を使うが、一部は元禄時代からあったという器具「千歯扱き」で脱穀した。腕や足腰、全身を使う重労働だけれども、順番が来るまで大切に腕に稲を抱き、1粒も無駄にしないように愛おしむような目で見つめながら千歯扱きに入れた。

脱穀や精米作業を経験し、家庭や給食で普段食べている白米がどうやってできるかを学んだ後のおにぎり作り。田植えから手掛けたお米を炊いて自分たちでおにぎりを作ると、「おいしい！」という歓声が上がり、子どもたちの笑顔が広がった。

田植えから稲刈りまで、一連の体験学習に地域や専門家の力を借りて取り組んだ成果が、家庭にもフィードバックされたのは間違いない。親子が一緒に調理して食べる機会が増えただろうし、ご飯を残さなくなったとの声も1年間の振り返りの保護者会で寄せられたという。農家の協力をどう取り付けて継続していくかが課題だが、できるだけ地域のつながりを取り入れて、一人でも多くの子どもが食農教育を受けられる機会が増えることに期待したい。

4 都会の子どもたちに農業の大切さを教える

（1）地域の果樹農家による授業

札幌市は人口197万人（2023年）の大都市で農地は少ない。食料自給率の高さを誇る北海道の中にあるのに札幌市は2％しかなく、東京などの大都市とそれほど変わらないくらい、多くの人は農業の姿が見えない暮らしをしている。市内でも最も南に位置する山の麓で、地域活性化のために発足した8軒の農家のグループがある。この地域の果物や野菜の栽培などの体験を通して、市民が農業や食について親子で学習する場を設け、「農業小学校」という名称で活動している。

　活動は2003年から行われていて、8農園の園主がそれぞれ講師を務め、北海道農業改良普及センターや札幌市の農業支援センター、また地域活性化を図るために結成されている任意団体などの支援やボランティアの協力も得ている。

　5月に行われる入学式は、農家の代表が校長となり、入校者へ歓迎の言葉が述べられ、次いで果樹園経営の現状とその難しさについての話があった。風雨や予想と異なる気温の変化や、病害虫などの自然条件に非常に左右されやすいのが果樹で、収穫までに気の遠くなるような手数が掛かっていることが説明された。

　子どもも大人も真剣に聞き入り、毎月1度の全6回にわたるカリキュラムの説明を聞くうちに、期待が膨らんでいる表情になっていく。ジャガイモの植え付けや収穫なども授業の中にはあるが、果樹に関わる内容だけを紹介させてもらおうと思う。

　家族単位での自己紹介をして、参加者が相互に交流できるような雰囲気づくりをし、農家の作業場である教室に和やかな空気が醸し出されていく。スライドを使った「りんごの話」では、冬の間に始まる剪定作業から消毒や摘果、収穫に至るまでの工程を画像で見ることができて、どんな作業があるのかについての理解を深めてもらうようにしている。

　6月に行われた第2回目は、午前中の最初の授業で果樹園をひと回りする見学会が行われた。低温が続いていたために、果樹の開花は全体的に1週間程度の遅れが見られ、やっと梅の木に淡いピンク色の花が開き始めたばかりだった。

　貴重な花を見付けて、指差す子どもの顔もほころぶ。前年は10月末という早い時期に大雪にやられていた。被害を受けて折れた果樹の生々しい姿や、腐らん病（果樹などの幹・枝に湿疹状のはれができ、病変部から上が枯れてしまう病気）の手当ての痕も見て、果樹園経営の大変さを

わかってくれたようだった。

　高所作業車や草刈り機などの見学もしてもらい、実際にどんな動きをするかを知ると、やってみたいと言い出す子どももいた。イチゴの収穫体験もあり、口に入らないほどの大粒のイチゴにかぶりつこうとする幼児の姿がかわいらしかった。

　夏に行われた授業では、特に「野菜と果物の違い」という話が興味深かった。大人だってなかなか答えられないのではないだろうか。一般的にスーパーや八百屋ではイチゴやメロン、スイカなどは果物として並べられているが、同じ「果実」でも、これらは農家にとっては「野菜」に分類され、木の実として何年も続けて収穫できるリンゴ、サクランボやナシなどは「果物」として区別されている。

　農家の方から教わって野菜と果物の違いを理解したうえで、リンゴが収穫できるまでにどんな作業があるかを知り、枝切り、受粉、摘果などの作業工程の概要を聞いて余計はっきりと、果物ができるまでにどれほど手が掛かるかがわかっただろうと思う。

（2）授業の後に体験をして理解を深める

　7月のサクランボの収穫体験のときのことだ。サクランボは花がひと固まりの状態で咲いて実を結ぶため、枝から小さく突き出している軸の付け根部分は、毎年成長して同じところに花芽ができる。大切な箇所なので、収穫のときにこれを折らないよう注意してほしいという話をし、それを踏まえて摘み取ってもらいたいと農家の方はおっしゃった。

　来年のために守らなければならないことがあるのを教えるのは、農業は「今」だけを見てやれるものではないと知る良いきっかけになる。私も感心して聞いていた。緑の葉の間に赤い実を付けているサクランボ。そっと取って口に運ぶ子どもたちには、農家のご苦労のたまものが宝石

のように輝いて見えたに違いない。

　子どもたちに人気のあるのは、リンゴのシール貼りと葉摘みだ。一人３枚ずつ約５cm四方のシールを受け取ると、早速フェルトペンでマークや絵、文字を書く。小さな文字をたくさん書く人、大胆にシールいっぱいにマークを書く人、それぞれが収穫のときのリンゴの様子を思い浮かべながらシールを作った。農家の方が、色づきを止めるためにあらかじめ袋を掛けておいてくれた青いリンゴ。その一つひとつを手に取って手書きのシールを１枚ずつ丁寧に貼り付けていく。文字がはっきりと出ますようにと願いながら、日光がリンゴによくあたるように注意して、みんなで葉を摘んでいった。

　リンゴの品種レッドゴールドは、皮が濃い赤になるのが特徴で、シールを貼って文字や絵を浮かび上がらせるのに適している。収穫の日が来ると、大人も子どもも真っ先に自分がシールを貼ったリンゴを探して木に駆け寄っていく。細かい字や絵を描いたものはあまりはっきり見えず、シンプルに太く大きく描いたシールは、誰から見ても読み取れる良いできとなっている。残念がる声と感嘆の声が交錯し、にぎやかな収穫風景となった。

　５月中旬の果樹の花が咲く時期に入学式を行い、10月まで一月に１度親子で農園に通ってもらい、病気予防のためのブドウの皮剥ぎやリンゴの摘果、果物の収穫体験を通して、参加者は農産物を生産する手間を知り、地元のものを食べることの意義に気付いてくれる。地域が一体となって取り組んでいることで成果が出ているのは言うまでもない。

　余談だが、意外なことに、ブドウの皮剥ぎも子どもに人気の体験メニューだと聞いた。例えば庭の木の皮を剥いだり、家の中の壁を剥いだりしたら、大人に叱られてしまうが、農園に来たら堂々とやらせてもらえるのだから、子どもはうれしいのだろう。子どもの成長過程の一つの

段階で、どんな作業に興味を抱くのかを、教育の視点から把握しておくのも必要なのかもしれないと思った。

5　大人にも必要な食農教育

　食農教育というと、つい子どもを対象にしたもので、大人には関係ないと捉えている人が多いと思うのは、私自身がそうだったからだ。

　生協の共同購入で取っていた牛乳を生産している農家を見学に行ったときは、大人の社会見学に参加するというレジャー気分でバスに乗った。牧場に着くまでの１時間半は、乳業メーカーの担当者から質問が出され、クイズ形式で楽しみながら酪農について勉強した。子どもを育てる母親として、それなりに食べ物のことを考えているつもりでいたが、クイズの答えは間違いばかりで、笑ってごまかしていても、心の中は引きつっていた。

　例えば、こんな質問があった。

　「牛の歯についてです。次の３つから選んでください。①前歯は上下同じ数ある、②前歯は上しかない、③前歯は下しかない」

　正解は③なのだが、牛の歯について考えたことはないので、どれを選択することもできなかった。牛は草が主食で、長い舌をぐっと出して草をからめて口に持ってきて、それを下の歯でぎゅっとしゃくり上げてちぎっているから、上の歯はいらないらしい。

　また、牛の胃袋はいくつあるかを答えられる人は多いが、４つの胃のそれぞれの働きを知っている人は少なかった。草のセルロースは人間には消化できないが、牛は草から栄養を取るために４つの胃が必要で、牛の体重の３分の１が胃袋の重さだとクイズを通して教えられた。知らないことばかりで落ち込んだ気持ちで降り立った牧場は広大で、放牧地で

は牛たちがのんびりと草をはんでいた。

　澄んだ青空の下、堆肥作りなどの説明を聞いているとき、牛舎に向かってスタッフが走っていくのが見えて、緊張した空気が走った。子牛が生まれたのだ。私たち見学者は、命の誕生の瞬間を見ることができた幸運に気分が高揚し、いたいけな赤ちゃん牛の姿に胸がいっぱいに

ヤギさんだってカワイイ！

なり、拍手をした。そして尋ねた。

　「この牛はどの牛舎で育てるのですか」

　「しばらく母牛と一緒にいられるのですか」

　私たちの質問にスタッフの方が淡々と答えた。

　「この子は男の子なので、1週間ほどで、肉にするために育てられる牧場に行き、1年半ほどで肉にされます」

　メスはそこで育てられて出産をして乳を出すが、オスは生まれた瞬間から肉になる道しか歩めない。そんなことも私は知らなかったのだ。自分が飲んだり食べたりしているものがどのように生産されているかの知識や情報をもっと得たいと思った。

　多くの人はなかなか機会に恵まれることのない牛の出産を偶然見ることができて、酪農と畜産の結び付きを学んだからこそ、カリキュラムをきちんと組み立てる必要があると思った。一例を紹介しよう。

　①牛乳がわれわれの手元に届くまで、どのようなルートをたどってくるのか、牛の飼育に必要な道具や飼料についての説明などを、スラ

イドなどを使って視覚的に興味を持たせる。

②子牛の哺乳を体験させ、あっという間に３リットルもの哺乳瓶の中身を飲み干す、舌の力とたくましさを知ってもらう。

③乳しぼり体験で、牛の体温の温かさに触れさせる。乳房からビューッと飛び出す瞬間を体感させる。

④ラップサイレージ（円筒状に丸めた牧草をラップで巻き、空気を遮断して作るサイレージ）の作り方の見学をして、牧草が機械で自動的にラップされるのを見せる。

⑤ペットボトルに牛乳を入れて振ると、水分と脂肪分に分かれてバターができることを知ってもらう。

　牛乳は牛の生命の営みの中で作られる副産物で、殺菌や加工した後にしか消費者の口に入らない。だからこそ、農産物であることを理解してもらう方法として、農家の方の話を聞く機会が必要だと思う。

　現代の家庭の食生活は、農産物などの材料を買ってきて、元の姿がわかるものを調理する機会が激減し、調理済み食品や加工品で賄われる傾向がどんどん高まっている。加工度が上がれば上がるほど、産地や栽培方法などに関心が薄れ、材料が外国のものであることに気が付かなかったり、作り方にこだわりがなかったりする人が増加していく。

　「農山漁村地域に関する都市住民アンケート調査」（国土交通省）によると、「農山漁村地域は日本にとって大切だと思うか」の問いには、ほぼすべての人が「非常に大切だと思う」あるいは「大切だと思う」と回答している。その理由は「食料や水を生産・供給しているから」が最も多く、次いで「多様な自然環境を有しているから」「日本の風土ならではの景観が残されているから」と続いている。

　しかし、普段食料品を買うときに、大切に思っているはずの農山漁村をどれだけ気にしているかとなると、決していつもとはいえないよう

だ。

　食料品を買うときに国産品かどうか気に掛ける割合はおよそ7割、外食するときは3割以下だという。自分の食生活を顧みると確かに、料理をするときには産地表示を見て材料を選ぶが、弁当などの調理済み食品を買うときや外食をするときには気にしないこともある。

　「地産地消」というと、狭い地域内の消費を目指しているように聞こえてしまうのだろうか。以前より使われていないように思うが、風土を目に浮かべることができる地域の農林水産物を食べる地産地消は、食の選択肢として当然のことだ。消費者は広い意味で地産地消を捉え、外食と加工食品や調理済み食品などの原料にもこだわってほしい。国産原料の食品を選ぶことで、トレーサビリティーを確保できて、安全・安心な食生活の保障も得られるはずだ。

　前述の国土交通省のアンケート調査では、割高でも輸入食品より国産品を選ぶと回答した割合は過半数を超えている。加工や製造をしている食品産業の事業者が、消費者ニーズへの対応として国産の原料を使ってくれる循環を早く作らなければならないのではないか。

　多面的機能を有する美しい農村の景観は、農家の方々が日々手間を掛けて農作物の生命を育んでいるからこそのものだ。失うことがないように食べて支えていくのが消費者の務めだと気付いてもらうために、今こそ食農教育を積極的に行う必要がある。

第4章

ギャップを埋めるキーワード
―食農教育を進めるために

1 食への意識の変化

著作や講演、ラジオ番組などで「食」と「農業」の大切さを伝える活動を始めてから、瞬く間に25年の歳月が過ぎた。1999年には「食料・農業・農村基本法」が新たに制定され、食料の安定供給の確保、農業の持つ多面的機能の発揮、農業の持続的発展、農村の振興が基本理念に挙げられた。

普段あまり農業を意識することなく食生活をしてきた方々に、それらを平易な言葉に置き換えて、私なりに説明してきたと思っている。何より、農家をはじめ農業・農村の振興に関わる方々の地道な努力と啓蒙活動により、多くは都市生活者である消費者が、食を通して農業・農村を大事にすることの意義を理解しようとし始めた。

地産地消、食料自給率、スローフードなどの言葉を使うときも、以前はそのたびに意味を説明していたが、BSEの問題が食料の安全を考える契機になったのか、わかっている人が多くなっているのは確かだろう。しかし食への意識の高まりとは裏腹にまた、簡単、便利、安いという選択基準が優先されて、ファストフードやインスタント食品、出来合いの総菜などを持ち帰って食べる、中食や外食などの食生活の外部依存化が顕著になっている。

公益財団法人食の安全・安心財団の「外食率と食の外部化率の推移」のデータによると、食料消費支出に占める調理済み食品を買ったり外食したりする、外部化率の割合は、1975年で約28％。バブル景気が終わる90年ころに約40％に上昇したまま、2010年で約42％となっている。安くておいしい加工食品が出回っているし、単身や高齢、共働き世帯の増加もあり、男女を問わず、わざわざ作らなくてもいいという人はかなり多いようだ。

　2020年から3年間続いたコロナ禍により家庭内で食事をする回数が多少増えたかもしれないが、のど元過ぎれば熱さを忘れるのは人の常だ。

　しかし、現代の食生活を揶揄し、心身への影響を論ずる風潮があるが、正しいか間違っているかという視点で食生活に注意を促しても、当事者は不愉快なだけではないだろうか。話したり書いたりという仕事を通して感じている、家庭の食が軽視される社会的な背景を、私なりの視点で考えてここで述べさせてもらいたい。

2　食をめぐる女性の立場

　食育基本法が制定された年に上梓した拙作『きゅうりの声を聞いてごらん』（家の光協会、2005年）は、家庭での親子のつながりを主軸にして実践してきた食育をテーマにして書いたものだ。母親として、家庭の食生活や食環境が子ども心の安定にどう影響するかを主眼にしていて、栄養については、バランスが取れていればいいという程度にしか言及していない。それでも小中学校の保護者会や教師の会から、家庭の食生活の大切さについて講演を依頼されることがよくある。主催者は異口同音に、食育に興味がない保護者が多いと嘆いていらっしゃる。

　現状について聞かされるたびに驚いてしまうのは、例えば、ゲームなどをして親子ともに夜更かしをして、朝食を食べないのが常習化している影響で、学校に来てもボーッとしていて勉強に身が入らないといった生活習慣に問題があるケースが増えている点だ。

　そのせいか、昔は当たり前だった「早寝・早起き・朝ごはん」を教育のスローガンに挙げている先生もいらっしゃるほどで、勉強よりもまず生活のリズムを学校側が教えなければならないほど事態は深刻なようだ。生活習慣を整え、規則正しく食事を取ることが、子どもの心身の健

全な発達、そして学力の向上にも大いに関係すると、声を大にしておっしゃっている。

　確かにその通りだと思う反面、本来家庭の中で他人にとやかく言われるものではなかった食生活について、あなたは間違っていると指摘されると思ったら、耳をふさぎたくなる保護者の心理は理解できなくもない。批判されても、改善の方法がわからない「若い親」の戸惑いも目のあたりにしている。

　食の外部化率が進むなかで育った彼らは、家庭内で料理が作られるときに醸し出されるぬくもりや、家族で食卓を囲む楽しさを知らない。彼らを批判するだけでなく、教えなかった親世代の責任を自覚し、反省の視点から食のあり方を一緒に考えなければならないと思う。

　生命維持のための栄養を摂取できればそれでいいと考える人に子どもとの関係を築く基礎になる部分に食があると捉えて、コミュニケーションの問題としてアプローチすると、大方の場合反感を買う結果となる。

　しかし、何がきっかけになっているかをきちんと捉えなければ、解決の糸口は見付からないだろう。今どきの若い母親は料理を作らないといった批判は多いが、彼女たちを育てた世代の精神的背景は案外言われていない。

　私自身が子どもだった高度経済成長期の空気を思い出すと、ウーマンリブのうねりがあった。これからは女性たちも社会進出を果たさなければならいといった風潮と、それがままならないなか、家庭に閉じ込められたことに対するルサンチマン（内向的な恨み）が、女性の心の中で強くなってきたように見受けられた。

　洗濯機や掃除機などの家電製品の急速な普及によって、家事に関わる負担が大幅に軽減されたことにより、家庭内で尊重されていた主婦の立場が揺らいできた。それでも食事作りは、家電製品が代わりにやること

のできない、女性たちの牙城だったのに、インスタント食品が瞬く間に暮らしに入ってきて、それが崩れ始めた。簡単で便利に食べられるものが増えれば増えるほど、家族の健康を支える食事を作っている自負を、女性たちから奪ってしまったように見える。母親が料理や家事を子どもたちに教えなくなった社会的背景を、検証したうえで、これからの食生活のありようを考えなければならないのではないだろうか。

3　めんどうくさいと思うのをやめる

　できるだけ手作りの料理を食べさせる。子どもと一緒に食卓を囲む。食事の時はテレビを消して、目を見て会話をする。仕事で夕食時に留守をする時は、子どもたちのご飯を作って出かける……少しの努力で、子どもたちに笑顔の食卓を与えられると書いてきたが、私にとっては意外な感想を寄せられることもよくある。

　「食事にそんなに手間を掛けたら、大変ですね。辛くないですか？」

　正直にいうと、辛いときもあった。ひと休みしたいと思いながら、帰宅してすぐに、スーツのまま食事の支度をすることもしばしばだ。慌しく野菜を切り、鍋を火にかける。疲れと、夕食の時間が遅くなった焦りでイライラしてくる。しかし、料理するときに漂う匂いは、いつの間にか私の気分を落ち着かせてくれる。家族のために義務感で料理をしていたが、自分自身の心の安定につながっていると気付かされる。

　空腹のときに、おいしいものを作ってもらえたら、誰だってうれしい。体も心も喜びを感じる。子どもは、親が空腹のサインをキャッチして、食欲という本能を満たしてくれるボールを投げ返してくれることで、人と人との関わりを無意識に学んでいるのだと思う。「食卓」は、コミュニケーションの取り方を体得するのに、最高の場所ではないだろ

うか。

　いま大人は、「自分を大事にすること」がとても好きだ。子どもたち
の祖母が娘に家事を教えず、娘である母親たちは自分を大事にして面倒
なことはしたくない、だから、子どもにご飯を作らない。本来は「自分
を大事にする」とは、「楽をする」ことを言うのではないはずなのに、
楽な方へ楽な方へと流れていく人が多いように見える。

　私の息子たちが社会人となった今は余計に、家庭の食環境が、彼らの
心身の成長に影響していたという手応えをはっきり感じることができ
る。きちんと子どもの食欲と体調を捉え、思いやりを持っておなかを満
たしてやると、子どもは親からの愛情を確認できて安心する。湯気の立
つ料理を口に運ぶときに、子どもたちが笑顔になるのは、その証拠では
ないだろうか。それで子どもの心身の健康を得られたら、育児にかける
手間が少なくなるのだから、トータルでは楽ができる。「めんどうくさ
いと思うのをやめて頑張るのも、自分を大事にすることになるよ」と励
ましを送るのが、子育てを卒業した世代の役目だと思っている。

4　心のキャッチボールとしての食

　〝弁当箱に食パン1枚〟という見出しの付いた記事が新聞の教育面に
載った。弁当で家庭の格差が見えるか否か、弁当作りは愛情かなどを考
えさせられる内容だったので、当時高校生だった息子に感想を聞いてみ
たくて記事を見せた。

　「お弁当のふたを開けて、食パン1枚だったらどんな気持ちになるか
な？」

　息子に聞くと、ムッとした表情で私に言った。

　「『昼飯抜き』よりマシ」

「僕はいやだ」と、彼は答えるだろうと思っていたから、面食らった。弁当だけでなく、子どもの健やかな成長のために、食事に手を掛けるのは、親の務めと考えている私の偉ぶった気持ちが、彼には透けて見えたのだろう。

タマネギだよ

　「もしかしたら、母親も父親も忙しくて弁当を作れないうえに、お金を渡すこともできないほど困窮した家庭かもしれない。仕方なく、パンを1枚だけ持たせることもあり得るだろう？　食べないよりマシだから。理由はともかく、お母さんの価値基準だけで、よその家庭の食生活を悪く思うのはよくないよ」

　よその人に「かわいそう」と思われる方がもっと「かわいそう」だと息子は言った。〝食事を与えられずに、やせ細って死んだ子ども〟こんな事件は、詳細を読むのも辛くて、私はしょっちゅう「かわいそう」を連発している。子どもの生命を、食を通して守るという当たり前のことができないなら、子どもを生まないでよ！　子どもがうれしそうにご飯を食べる姿を見るのは、親の自然な喜びのはずだと憤ることもしばしばだ。そのたびに息子たちは、興奮している私を横目に感情を抑えて静かに言う。

　「子どもはみんな自分の親しか知らない。やさしくされた経験がなかったら、自分が虐待されていると気付かないから、SOSも出せない。親子関係は、心のキャッチボールだと思う。子ども時代にやさしさ

のボールをちゃんと受けとっていたら、自分が親になった時、子どもに
やさしさを投げ返せる。ご飯を作ることは、そのボールだと思うよ」

　私は子どもに、いいボールを投げていただろうか。

5　ゆいごんは、カレーライスの作り方

　食と農業や健康をテーマにしたラジオ番組のパーソナリティとして、
栄養学や教育の研究者と対談してきたなかで、食生活は子どもの心身の
成長に大きく影響すると異口同音に言われてきた。子育て真っ最中のと
きの私は、そのたびに複雑な気持ちになった。学校の成績も、素行の良
し悪しも、親が与える食環境や食事内容が原因と言われているようで、
大きなプレッシャーを感じていた私に、救いを与えるような出来事が
あった。

　その日、家で夕飯を食べるのは私と当時小学校6年生の息子だけだっ
た。仕事が忙しいうえに体調が悪く、遅くなってから支度を始めた。野
菜を切っていると、急に胸部に強い痛みを感じて、立っていられなく
なった。私は居間の床に横になり目を閉じて、もっとひどくなったら救
急車を呼んでと頼んだ。頭の横に気配を感じて目を開けると、なぜかメ
モ用紙と鉛筆を持った息子が立っている。そして、彼はつぶやいた。

　「ゆいごん、ゆいごん」

　とても返事をする気になれない。翌朝元気になってから、何を聞いて
おきたかったのかたずねると息子は言った。

　「カレーライスの作りかた」

　一晩真剣に遺言を考えた自分に苦笑した。カレーライスが大好きな彼
は、真剣な顔で続けた。

　「給食のカレーはおいしい。誕生日にインド料理店で食べたカレーも

おいしい。でも、お母さんのカレーはお母さんでなければ作れないから。このまま死んでしまうかもしれないと思ったとき、あのカレーがもう食べられなくなると思って、聞いておこうと思ったんだ」

　不覚にも、涙が出そうになった。いなくなったら食べられないと心配になる味を、一つでも彼が知っていることがうれしかった。食育とは、「味覚のふるさと作り」ではないだろうか。舌が覚えているふるさとがあれば、中食や外食の旅に出ても、きっと帰って来られると信じている。

6　農業は、食べものを作り、環境を作る

　誕生日が来るたびに若くして亡くなった母の年齢をどれほど超えたかを数え、「母のように」という形容詞はもうとっくに使えないのだという寂しさを感じている。それでも、毎年欠かさずに梅干、味噌、ジャムなどを作り続けるのは、「母のような」母になりたいと思い続けているからかもしれない。

　子どものころ料理の手伝いをよくさせられ、手を動かしながら母と他愛ないおしゃべりをした、温かな台所の光景が今も目に浮かぶ。大家族の食事を賄う母の役に立っている喜びがあった。

　お使いもよく頼まれた。近所にニワトリを飼っている家があって、竹のカゴを持って出かけ、その家のおばさんが卵を鶏舎の中から取ってきてくれるのを待った。ニワトリの目は、卵を横取りする私を威嚇しているように見えて、恐ろしかった。まだぬくもりが残る卵が入ったカゴを大事に抱え、ソロリソロリと転ばぬように歩いて帰った。卵一つにも、その卵ができる過程が見える食生活が自然にできていた時代の、懐かしい思い出だ。

現代の食生活は、農作物の生産や流通の過程を知る方法が、あのころ
とは大きく変わった。共同購入の注文カタログやスーパーの店頭で、ま
ず表示を見て産地や添加物などを確認し、購買の判断基準にしている。
家族と自分の健康を守るために、安全なものとは何であるかの情報を得
て選び、安心して食べたいと誰もが望んでいるだろう。しかし、もう一
歩踏み込んで、その選択が次世代に良い環境を残すかどうかまで考えら
れたらもっといいと私は思っている。

　農作物や加工食品を買うとき、私はまず産地を確かめる。風景が目に
浮かび、空気や水の味、空の色を想像できるところのものを食べたいと
思うからだ。地元のものがない場合は、近隣府県のもの。端境期などで
それもない場合は、せめて国内で作られたもの。旬を意識した食生活を
すると、これは容易に実践できる。

　ある日、共同購入で買っている国産のミックスベジタブルを切らし
た。スーパーに買いに行くと、「有機ミックスベジタブル」が売ってい
たので、喜んで買ってきた。ところが家でじっくり表示を見ると、原産
国はアメリカだった。世界のどこで作られようと有機のものが食べたい
のか、有機でなくても国産のものが食べたいのか。自分の基準を持って
いないと、買い物のたびに迷うことになる。

　日本の食料自給率は４割弱で、６割以上を外国に依存している。60年
前には７割を自給していたのに、食の欧米化や外食や中食などの消費の
変化により、今の水準までに落ちてしまった。日本への輸出国が気象条
件の異変や、政治や経済の問題で輸出をストップしたら、私たちは食べ
るものが足りなくなると考えると、恐怖を覚える。輸送に莫大な石油燃
料を消費している現実にもがくぜんとする。

　秋に農村を訪れると、黄金色に染まった田んぼを見て新米が楽しみに
なる。

　食べものを選択するときに、農地の風景を思い浮かべられるかどうか
という基準を持ちたい。例えば田んぼはおいしいお米を与えてくれるだ
けでなく、水を湛え、洪水や土砂崩れを防止し、ゆっくりと水を地下に
浸透させて蓄えている。きれいな水や澄んだ空気を作り、多様な動植物
の生息の場でもある農村は、長い時間をかけて人々が自然と対話するな
かで作られ、農業が営まれることで、維持保全されている。そこで作ら
れたものを食べなければ、農地が手放され、人の手の入らない荒地と
なってしまう。農地・農村の持つ多面的機能は、農業がこれからも維持
されてこそ発揮できる。食料も水も空気も、都市が自らの力で住民に供
給できるのものではない。都市は食を通じて農村とつながっているのだ
と思う。

　料理の材料にいちいち、○○さんが作った無農薬の野菜だから、体に
いいなどと説明する私に、子どもは聞く。

　「健康に良いものって、本当はどんな食べもの？」

　「水、土、空気などの環境に与える負荷を少なくして作られたものだ
と思うよ」

　消費者のあり方は、生産のあり方と常に相関関係があるのだと思う。
次代を担う子どもたちに豊かな農地・農村と緑を残すために、大人たち
が環境まで考えた広い意味での健康に留意した食生活をしていかなけれ
ばならないと思う。

7　「もったいない」の心を大事に

　スーパーの売り場配置はどこも、入り口から一番近いところを青果物
のコーナーにしてある。カゴを持ってゆっくり進んでいくと、棚に並ん
でいる青果物に季節の移ろいを感じることができる。目に入る色鮮やか

な野菜と、甘く漂う果物の香りで、五感を刺激されながら買い物をスタートさせてもらえる。青果売り場は、店の花形だ。

　今はどの地域のものが出回っているのかを確認したり、訪れたことのある地名が産地表示に書かれているのを見付けたり。ときには旅の記憶がよみがえり、農村の景色を思い浮かべてうれしくなったりする。

　残念に思うのは、この数年、野菜売り場に設置されたごみ箱の数が増えていることだ。トウモロコシ売り場は、皮を剥いてからカゴに入れる人がほとんどで、ごみ箱には皮とヒゲが堆く積まれている。

　鮮度が落ちるのを防ぐために皮付きのまま家に持ち帰って、ゆでるときにむく方がおいしく食べられると思う。しかし買う人にとっては、鮮度保持よりも、回収時に出す生ごみの量を減らすことのほうが、優先順位が高いようだ。

　先日は、キャベツの外側のきれいな薄いグリーンの葉を何枚も落としている人を見て、「もったいないですよ」と声を掛けたい気持ちになった。本来の意味の「外葉」は、出荷される段階で除かれているだろうから、売り場に置かれているものは、すべて食べられる状態になっているはずだ。傷みや汚れがあるわけでないのに、なんとなく２、３枚むいてからカゴに入れる人が年々増えているように見える。

　トンカツなどの揚げ物の付け合せに盛られている千切りキャベツは、ふんわりして白く見えるので、キャベツの外側のグリーンの葉は食べられないと誤解しているのだろうか。あるいは外側に農薬がついていると思っているから捨てるのか。いずれにしても偏った情報のうえで、食べられるものを捨てしまうという、もったいない選択をしているのが惜しい。

　店頭で廃棄されたものは、小売業者から飼料や肥料になるようにリサイクルされていることもあるだろうと思うが、食の原点は忘れないでいたい。一人ひとりが農産物の生命を無駄にしないでいただく心を持ち続

け、個人の消費段階での農産物の過剰廃棄を、できるだけ減らすための方法を考えなければならないと思う。

　野菜の部位ごとに適した調理法を知ると、廃棄部分を少なく食べ切ることができるのに、野菜売り場には説明してくれる人がいないのが現状だ。しかし一方で、無駄なくおいしく食べるコツを勉強した食育ソムリエや野菜ソムリエの方の能力の発揮の場はまだ少ない。

　消費者教育にその方々の力を貸してもらったら、野菜売り場に輝きが増すだろう。生き生きと野菜のすばらしさを話せる方に店頭に立ってもらい、「食べ方を一言添えて売る」販売で、直売所もスーパーも新たな魅力ある野菜売り場づくりを目指してもらいたいと思う。

8　食生活と農業をつなぐ、食農教育

　私の住む北海道は、夏には国内外から訪れる多くの観光客が風景の美しさを楽しんでくれている。澄み切った青空の下、涼しく爽やかな風が吹き、畑作物が織りなす広大なパッチワークのような、農地ならではの景観が観光客の心に感動を呼んでいるのだ。これからしっかり大きくなるよと胸を張っているように成長する農作物が、命を育むエネルギーを醸し出しているから、見ているだけでのびのびした気持ちになれる。

　十勝地方のＪＡの方から、日本で初めて導入されたというキャベツの収穫機の話を伺った。大型の機械で収穫して、畑で直接500キロのコンテナに入れて、１晩予冷してコンテナごと加工業者に輸送され、さまざまな用途に合わせてカットされてエンドユーザーに渡る。スケールが大きくて北海道らしい農作物の生産・販売方法に将来性が感じられた。効率的だし、鮮度保持の水準も高い。うなずきながら説明を伺っていたのだが、次に続く言葉は意外なものだった。

「食育の観点からすると、丸ごと1個のキャベツを買って食べてもらう方がいいとは思うのだけれども」

現代の食生活は調理済み食品を食べることが多く、料理の素材である農作物の元の姿を知らない子どもが増えているから、丸ごとの農作物を家庭で調理するのを見せるのが大切だ――私が日ごろ食育に関してそう言っているので、JAの方は気を遣われたのかもしれないと思った。加工用を目的にした農作物を生産しようとする農家の方の気持ちを、否定したように聞こえていたのなら申し訳ない。

食育基本法の前文には「様々な経験を通じて「食」に関する知識と「食」を選択する力を習得し、健全な食生活を実践することができる人間を育てる食育を、推進することが求められている」と書かれている。

公布から18年経った今、全世帯数の4分の1以上を単身世帯が占め、加工食品や調理食品の消費支出割合が増えて、大人が何を健全な食生活と捉えるか、変わってきているように見える。例えばサラダを食べたくてもキャベツを丸ごと1個買うと、食べ切るまでに鮮度が落ちてしまうから、カットしたものを買う人が増えるのは当然のことだろう。

一方、食育基本法ができたころ、小中学校では総合的学習の授業が盛んに行われていて、栄養や健康の視点からだけでなく、学校教育の一部として平等に農業・農村体験をする機会も増えていった。農作業体験により、収穫までのプロセスに必要なことを順序立てて考えるなど、生きる力を身に付けていく。子どもたちの輝く顔を数多く見かけた。

これからの食農教育の方向性は、農業体験だけではなく、加工品、調理済み食品を買ったり外食したりするときにも、「原料の農産物が生産された地域が見える食べものを選ぶ力」を身に付けさせることだと思う。JAや農家の担う役目や期待もさらに大きくなっているのではないだろうか。

第5章

農に学ぶ

美唄市グリーン・ルネサンス推進事業の
取組による「地域の教育力」

美唄市で実施されている、美唄市グリーン・ルネサンス推進事業の取組は、「地域に根差し、暮らしに学ぶ」重要性が見事に実践されているので、事例と紹介したい。

　昨年（2022年）北海道空知地方の美唄市教育委員会から、「グリーン・ルネサンス推進事業」で食農教育の講演の依頼を受けた。美唄市では、2010年度から「地域に根ざし、暮らし（生活の場）に学ぶ」に基礎をおく教育プログラムによる農業の実体験活動を行い、「豊かな心」「社会性」「主体性」を育み、子どもたちの将来にわたる生きる力につなげるよう事業を進めている。講演の打ち合わせで、美唄市の同事業のコンセプトが非常に明確であることに、私は感銘を受けた。

　これまで全国の様々な場所で食農教育の講演をさせていただいたが、主催者であるＪＡあるいは自治体は「農業の大切さを理解してもらうためにイベント等を行っているが、毎年代わり映えがなく、効果が感じられない」という、焦燥感があるように思えた。それを払拭する先進事例として、私は美唄の取組を評価している。

1　地域の教育力 ──「地域に根ざし、暮らしに学ぶ」

　日本の農業は今、少子高齢、人口減少による担い手不足、食生活のグローバル化などの大きな時代の波の中で、地方は厳しい状況に置かれている。美唄市の状況も同様だが、未来を切り拓く力は「地域の持つ教育力」であるという、揺らぎない前提のもとで、美唄市グリーン・ルネサンス推進事業が行われている。

　地域に生きる人々が、これまで培ってきた知恵や経験を活かし、ともに学び、支え合いながら、地域社会の課題を解決するとともに、その生きる力をしっかりと次代を担う子どもたちに伝えていく。

　幼稚園、保育園の先生と保育士、小学校、中学校の先生が、食農教育の授業を組み立て、児童、生徒が単に農業体験をするだけでなく、自主的にわからないことを調べたり、質問したりしながら、農業とは何かを考察していく。

　学校の先生、教育委員会のほかに、シルバー人材センターの方も、地域の未来のために尽力して農業体験が行われていることにも大きな価値がある。しかし、特筆すべき点は、小学生のときに食農体験をした地元の高校生が、指導者として活躍していることだ。

　幼児から、小中高生、そして教育者たちが縦の糸でつながっている事例は、全国的にかなり稀なケースである。

　圃場を提供する農家、特にＪＡ青年部の方々の協力も大きな力となっている。昨年の私の講演を聞きに来てくれていたＪＡ青年部の方々に、講演後に質問した。

　「忙しいなかで、子どもたちの農業体験の受け入れをするのは、大変ではないですか？」

　すると、ご自分の子どもが小学生だという農家の方が、笑顔で答えてくれた。

　「全然大変でないです。俺、農業を好きでやっていますから、自分の子どもだけでなく、地域の子どもたちに農業を好きになってほしいので」

　子どもにとっては、生まれ育った地域での生活体験が、生涯を通した豊かな記憶として生きる力の糧となる。それに惜しみなく力を貸す農家の誇りが伝わってくる。言葉にしてそれを表現できる農家の自信に、私は心を打たれた。

　本来、子育てや教育は、「子どもたちをどのように育てたいのか、子どもたちに何を伝えたいのか」からスタートしなければならない。それ

が明確であることは、地域の未来にかかわる重要なアクションとして評価できる。

2 北海道美唄市グリーン・ルネサンス推進事業の取組のきっかけ

2007年に福島県喜多方市は、日本で初めて小学校の授業に「農業科」を組み入れ、副読本を作り、今も取組を継続している。そのきっかけとなったのは、日本の生命科学の第一人者で、ＪＴ生命誌研究館を創設された中村桂子名誉館長が「人間は生きものであり、自然の一部」という事実をもとに、「未来を担う子どもたちが、生きることの本質を学ぶ機会として、"小学校で農業を必須に"」と提唱されていたことだったという。

中村さんは「経済社会の動きを知るための"株"の勉強より、子どもたちは、大地に育つ"カブ"から学ぶことの方が大事」と語っている。そうした中村さんの未来を見据えた熱い言葉に共感・共鳴した当時の喜多方市長が、その思いを具体化し、日本で初めて小学校教育に「農業科」を組み入れることとなった。

美唄市教育委員会は、喜多方市に足を運び、取組の内容を取材した。美唄市ではすぐに「農業科」をカリキュラムにいれることはできなかったが、体験学習を実践し「副読本」を作成した。

2022年、中村さんが美唄市の文化事業で講演をされた際に、「全国で広く一般的に行われている農業の"体験学習"は、あくまで一過性の"体験"の域にとどまるが、学校の授業の「時間割」の中に、"農業"として明記されていることが何より大事である。国語、算数、理科、社会と同じように記載されていることで、子どもたちの心にしっかり"農

業"への思いが刻まれ、未来につながることになる」というアドバイスがあったという。

3　美唄市小学校農業体験学習の基本的な考え方

（1）地域の特色としての農業と児童生徒とのかかわりを伝える

　美唄市は、豊かな平野に恵まれた地域で、炭鉱閉山後は農業を基幹産業として発展してきた。豪雪地帯であるのを逆手にとって、「雪蔵工房」を使ったJAびばいブランド米がある。

　「雪蔵工房」とは、環境にも優しい雪エネルギーを活用して、玄米を5℃の低温で貯蔵する施設である。春先の雪を貯蔵室に蓄え、雪が0℃で融解するエネルギーを活用することから、正式名称は「零温玄米貯蔵施設」という。玄米出庫時には、外気と庫内の温度差が大きくならないよう、5℃、10℃、15℃と段階的に昇温調整し、新米の風味を損なわずに届けることができる。

　稲作を中心とした道内有数の穀倉地帯である美唄は、「香りの畦みちハーブ米」など、地域の特性を活かした取組として、農産物の雪冷房をはじめ、クリーン農業の推進や米粉の活用、特産品として有名なグリー

田植え①

ンアスパラやハスカップ等の園芸栽培の促進など、農産物の高付加価値化やブランド化にも力を注いでいる。

また、商工業や観光などの関連産業との連携を図るとともに、学術試験研究機関等との共同研究を通じた新たな食材の提供をはじめ、農産物加工品などの特産品の開発・商品化や販路拡大、地産地消の推進による豊かな食文化の形成など、「食にこだわったまちづくり」に取り組んでいる。

（2）市内小・中学校における農業体験学習等の現状

市内に9校ある小・中学校では、それぞれの学校ごとに、地域住民や農業者をはじめ、地元JA、農業関係機関・団体、さらには地元の高校や大学などの支援を受けながら、農業体験学習の充実を図っている。また、地元農産物の導入促進など、学校教育と農業をつなぐ取組を進めている。

4 美唄市小学校農業体験学習実施の意義

（1）学校教育の現状

児童・生徒の規範意識や社会性の希薄化をはじめ、不登校の増加、自立心や学ぶ意欲の低下、食生活や生活習慣の乱れなど、21世紀を担う子どもたちを取り巻く課題が深刻化し、社会全体に大きな影を落としている。このため、学校現場においては、課題の解決に向けて「豊かな心の育成」「個に応じた教育」「授業の質的改善」などに様々な面から積極的に取り組んでおり、一定の成果は上げているものの、さらに「生きる力」を育む新たな対応が求められている現状にある。

（2）農業の教育的効果

　農業は、人と自然との関係の中で、「土を耕し、種をまき、命を育み、命をつなぐ」という、人間が生きるうえでの最も基本的な活動である。昔は全国各地で当然なこととして行われてきた営みから、多くの子どもたちは日常的な風景として、五感を通して様々なことを学んできた。

　しかし、現在の社会では、農作物の生産現場を直接見たり、かかわったりする機会が少なくなったため、子どもたちは農業から多くのことを学ぶことができなくなってきている。そこで、あらためて農業のもつ教育的効果について考えてみると以下のようなことがあげられる。

　①命について学ぶ

　　　農業活動を通して、農作物が成長していくことを実感させ、農作物が単なる食べものではなく、「生きるもの」＝「命あるもの」であることを理解させることができる。

　　　人は、農畜産物の命をいただいて生きていることを、農業活動を通して気付かせ、「命と命のかかわり合い」や「命の大切さ」について理解を深めさせることができるものと考えられる。

田植え②

②共生や思いやり、環境について学ぶ

　　農業活動を通して、水田や畑は作物を育てる場であると同時に、多くの生き物が生まれ生活する場であることに気付かせ、人間が様々な生き物とともに生きることの大切さを理解させることができる。

③ゆとりや持続性・耐性を育む

　　農作物を育てることは、すぐ結果の出ることではなく、数か月にわたって世話を続け結果が出るものである。本来教育にとって重要な「ゆとり」を持った取組みが農業活動では可能であると考えられ、そのなかで意欲を持続させたり、つらい仕事に耐えたりすることなどを通して、持続性や耐性を育てることができる。

④想像力や判断力・実践力を育む

　　農業は自然が相手であり、一生懸命世話しても天災によってその努力が踏みにじられたり、作物によいことと考え、水や肥料をやりすぎれば場合によっては枯れてしまったりすることもある。常に、将来を予測し計画的に世話をしたり、気象状況を予測し、その対策を考え実行したりすることが農業には必要だ。予測して臨機応変に対応する判断力や実践力を育む機会が農業体験学習であると考えられる。

5　美唄市小学校農業体験学習のねらい

　小学校農業体験学習は「地域に根ざし、暮らし（生活の場）に学ぶ」に基礎をおく教育プログラムとして農業の実体験活動を重視した教育を展開する。

（1）豊かな心の育成とほかの生物との共生の観点

　児童は、好き嫌いだけで食べ物を残したり、無造作に捨てたりしがちである。農業においては、農作物は単なる食物ではなく、「人の命をつなぐ大切なもの」であることを学習させる。

　そのなかで、「いただきます」や「もったいない」など日常生活の中で使われている言葉の意味について考えさせ、人としての必要な感謝の気持ちや慈しみの心を育てていく。

　また、水田や畑に生きる様々な生物とかかわり合うことにより、人間を含め多くの生き物がともに生きる環境とは何か、そのためにはどのようなことが必要かなど、自己中心的な考え方をしやすい児童に、様々な立場に立って考えて行動することの大切さに気付かせる契機を与えるようにする。

　農業活動という直接的な体験を契機に、様々な面から児童の暮らしぶりを見つめ直させ、豊かな心の育成を図っていく必要がある。

（2）社会性の育成

　農業体験学習においては、土を作り、種をまき、苗を育て、植え付けし、水や肥料の管理、除草、収穫、調理、加工、食、廃棄という一連の活動を通して学習を進めていく。徐々に成長していく作物は、児童に

観察会

とってかけがえのないものであり、その命は児童の手に委ねられている。

　児童は自分の責任を自覚し、世話をして農作物を育てていくことになて世話を続けることでよい結果が出るものであり、得られる結果は、児童一人ひとりの努力がそのまま形となって現れるものである。

　数か月にわたる農作物栽培という具体的な体験を通し、児童に責任感を持つことや努力することの必要性を徐々に気付かせ、目標に向かって取り組むことの大切さ、嫌なことや辛いことでも続けることの意味を理解させ、現代の児童に欠如しがちな社会性の育成を図っていく。

（3）主体性の育成

　よりよい作物を収穫するためには、事前に栽培する作物について調べ、その栽培方法や土壌・天候等の自然について学ぶことが必要である。栽培過程において、その時々の作物の様子をよく観察し、疑問点を調べたり、専門家の指導を受けたりすることが必要となってくる。

　一定の目標を設定し計画を立てて取り組み、その時々に必要な対応策を考える過程において、主体的な学習意欲や取り組む態度が必然的に育成されるものと考えられる。

6　美唄市小学校農業体験学習の目標

（1）農作業の実体験を通して、自然のかかわり合いの複雑さについて理解し、ほかの生き物と共存することの大切さを理解することができるようにする。

（2）農作業の実体験を通して、食べることの意味を理解し、生命の大切さを理解できるようにする。

（3）農業に必要な気候、土壌、生物等の基本的な知識を習得するとともに、将来を予測し、計画的に農業に取り組むことができるようにする。

7　小学生の農業体験学習の発表からの考察

　私の講演の後に、小学生たちの農業学習の発表があり、その講評を依頼されていた。私は児童たちの真剣な眼差しと、学校やクラスによって違う様々な切り口の斬新さに、大変驚きを持って聞き入った。

　とても小学5年生とは思えない発表をできるまで指導した学校の先生たちに敬意を表したいと思った。箇条書きとなるが、児童の発表テーマについて、非常にインパクトの大きかったものを紹介させていただきたい。

①農家の借金について質問し、トラクター、コンバイン、農薬散布のためのドローンの価格と、借金の返済計画について教えてもらい、農業を経営する大変さがわかった。

②機械化されたスマート農業を導入したら、どのくらい休みが取れて、子どもを遊びに連れて行くことができるかなど、スマート農業

稲刈り

の労力の削減の効果について知ることができた。

　私は、講評をしなければならないのに、児童たちの発表が興味深く、夢中でメモを取っていた。農業の取材をしたり農業関係機関の委員を務めたりしている私だが、「借金はどのくらいあるのですか？」と尋ねたことは一度もない。小学生たちの勇気がうらやましく感じた。

　しかし、さらに感動したのは、そのあとの小学生の言葉だった。

　「農産物を作るのにはたくさんのお金と労働力が必要なのがわかりました。農家の人たちが、借金を返せるように、この町の農業がずっと続けられるように、美唄の農産物を買う大人になりたいと思いました」

　私は、食農教育とは、自分が育った地域が豊かで、楽しく暮らせる地域であってほしいと願う子どもたちを育てることなのだと、小学生に教えられた気がした。

【著者略歴】

　森　久美子：作家・拓殖大学北海道短期大学客員教授。北海道大学公
共政策大学院修士修了。公共政策学修士。1995年、朝日新聞北海道支社
主催の文学賞に、開拓時代の農村を舞台にした小説で入賞。以来、作家
として多数の連載を持つほか、「食」と「農業」をテーマにしたラジオ
番組でパーソナリティを務めている。ホクレン夢大賞・農業応援部門優
秀賞や農業農村工学会・著作賞を受賞。2010年より、農林水産省・食
料・農業・農村政策審議会委員、北海道農業農村振興審議会委員などを
歴任。主な著書は『ハッカの薫る丘で』（中公文庫）、『古民家再生物
語』、『オーマイ・ダッド！父がだんだん壊れていく』（中央公論新社）。

地域に根ざし、生きる力を培う食農教育

2024年5月1日　　第1刷発行

著　者　　森　久　美　子

発行者　　尾　中　隆　夫

発行所　　全国共同出版株式会社
　　　　　〒160-0011　東京都新宿区若葉 1 -10-32
　　　　　TEL 03(3359)4811　FAX 03(3358)6174

印刷・製本　松澤印刷株式会社